人因工程在核电厂仪表与控制系统中的应用

生态环境部核与辐射安全中心　编著

中国原子能出版社

图书在版编目（CIP）数据

人因工程在核电厂仪表与控制系统中的应用 / 生态环境部核与辐射安全中心编著. — 北京 ：中国原子能出版社，2021. 12

ISBN 978-7-5221-1880-2

Ⅰ. ①人… Ⅱ. ①生… Ⅲ. ①人因工程-应用-核电厂-仪表②人因工程-应用-核电厂-控制系统 Ⅳ. ①TM623-39

中国版本图书馆 CIP 数据核字（2021）第 273204 号

人因工程在核电厂仪表与控制系统中的应用

出版发行	中国原子能出版社（北京市海淀区阜成路 43 号　100048）		
责任编辑	胡晓彤　裘　勖		
责任校对	冯莲凤		
责任印制	赵　明		
装帧设计	崔　彤		
印　　刷	北京厚诚则铭印刷科技有限公司		
开　　本	787 mm×1092 mm　1/16		
印　　张	8. 5	**字　　数**	186 千字
版　　次	2021 年 12 月第 1 版　2025 年 5 月第 2 次印刷		
书　　号	ISBN 978-7-5221-1880-2	**定　　价**	**60. 00** 元

发行电话：010-68452845

前　言

人员因素对核工业的安全性、可靠性和生产能力都有重要影响。核电厂或其他核设施都是由其本身的工程系统和使用该系统的人员组成。因此，所有的工程系统在设计时，都要考虑到人员对其使用和人机交互的便捷，以方便人员进行操作。

本书整合人因工程和核电厂仪表与控制系统两个学科的知识，针对核电厂操纵、维修和调试人员在执行现场作业时，所需要使用的仪表与控制系统的人机交互界面设计原则开展讨论，采用跨学科的方法，以提升核电厂人员表现为目标，专门讨论了在核电厂仪表与控制系统设计过程中引入人因工程的概念，以及设计过程中人因工程、仪表与控制系统和其他相关重要学科之间的关系，提出了仪表与控制系统和人因工程之间交流输入和输出的关键工具和任务，提出人因工程在核电厂仪表与控制系统设计时的应用方法与建议。

本书参考了国家核安全局《核电厂仪表和控制系统设计》核安全导则，参考了国际原子能机构（IAEA）安全标准 No. SSG-39《核电厂仪表和控制系统设计》中描述的仪表与控制系统生命周期，以及国际原子能机构安全标准 No. SSG-51《核电厂设计中的人因工程》中的人因工程方案指导，参考了张力教授等主编的《数字化核电厂人因可靠性》。

本书由张路怀、张泽宇、张适、马帅主持编写。第 1 章由张泽宇编写，第 2 章由蔡显岗（中电投广西核电有限公司）编写，第 3 章由霍雷（中广核工程有限公司）编写，第 4 章由张泽宇编写，第 5 章由张适编写，第 6 章由张路怀编写，第 7 章由马帅编写，第 8 章由王逊编写，第 9 章由王宝祥编写，第 10 章由吕仲禹编写，第 11 章由李晓洋编写，第 12 章由史强编写，第 13 章由赵子毅（中核核电运行管理有限公司）编写，第 14 章由马帅编写，附录由张路怀编写。

目　录

第1章

概况介绍

1.1 背景

核电厂人员在确保安全、高效和高产的发电方面起着至关重要的作用。操纵人员需实时监控和控制电厂以确保其正常运行。测试和维修人员则帮助维持设备正常运行，并在发生故障时修复部件。人员表现和相应的核电厂性能受到设计中多方面因素的影响，其中包括仪表和控制系统（I&C），以及为人员与电厂交互提供的人机交互界面（HSIs）。仪表与控制系统及人机交互界面提供给电厂人员的信息必须准确、充分，与操作相关且及时可靠。

根据核电厂技术路线的不同，人机交互界面可具有不同的特性。核设施的总体运行和维修的趋势正逐步转向计算机辅助，结合了包括软控制、计算机化流程、可移动终端设备和触摸屏等功能。这些界面的设置影响到工作人员操作及维修电厂的方式。根据核电厂安装的技术，人机交互界面可以有不同的特点。核设施的一般操作和维修环境正变得更加以计算机为基础，包含了软控制、计算机化程序、移动界面和触摸屏界面等特征。这些界面影响着人类操作和维修核电厂的方式。

虽然人机交互界面设计和数字化可以极大地提高人员和电厂绩效，但需要注意的是，如果计划、设计或实施不当，就有可能对核电厂设备性能和安全产生负面影响，同时也会降低人员操作的可靠性，从根本上影响到发电安全和成本。因此，需要人因工程（HFE）知识来确保在人机交互界面等技术得以发挥优势的同时，将其在应用、操作和维修方面可能出现的问题最小化。仪表与控制系统会影响相应的人机交互界面设计，同样，人因工程也会推动仪表与控制系统在某些方面的设计改进。

国际原子能机构曾发布的《核电厂仪表和控制系统设计》（安全标准 No. SSG-39），是人因工程输入仪表与控制系统生命周期提供高水平的指导，也是人机交互界面设计提供通用性指导，明确了仪表与控制系统和人因工程之间相互依赖性以及整合的必要性。《核电厂设计中的人因工程》（安全标准 No. SSG-51）通过建立结构化、系统化的人因工程开发要求及其在核电厂设计中起到的作用，进一步扩展了人因工程的应用范围。同时，该标准提供了很多有关仪表与控制系统和非仪表与控制系统的人机交互界面设计指导。

以上两个安全标准，都提供了关于在人因工程和人机交互界面设计领域所需要做到的各个方面，以满足核电厂调试与运行安全标准。本书旨在补充安全标准中的指南信息，为如何实现和实施标准中的建议提供更加具备实践意义的技术。

1.2 目标

编著本书的目标是为包括仪表与控制学科和人因工程学科的设计团队提供具有实用价值的仪表与控制系统开发策略和方法，设计出能够有效支持核电厂人员履行操纵任务的人机交互界面。

仪表与控制系统工程师不需要也没有必要成为人因工程专家，反之也是一样。

通过阅读本书，可以认识到设计过程中仪器仪表与控制系统和人因工程学科之间的互通性，以及双方的技术特点，以实现成功的人机交互界面设计。

尽管本书主要是为核电厂仪器仪表与控制系统设计人员编写，所有涉及人机交互界面领域的设计、分析、开发、制造、修改、验证和安全许可等方面的专家，以及打算了解该过程的广大读者都可以参考此书。

1.3 范围

本书涉及核电厂仪表与控制系统的人机交互界面在多个状态下的应用——包括新核电厂的开发和设计、在役核电厂的修改以及即将退役核电厂的运行维护等。

现有的在修改运行中及即将停运的电厂中应用的、组件和替代品。书中涵盖所有的仪表与控制系统，其中术语“仪表与控制系统”是指引入电厂设计的任何仪表控制系统[1]。该术语对重视安全方面或不重视安全方面的仪表控制系统都适用。此外，书中所用的人机交互界面表示此人机交互界面是仪表与控制系统中的一部分。

本书包含了对仪表与控制系统全生命周期各个阶段都有帮助的设计指导，例如新仪表与控制系统设计、运行和维修、仪表控制的现代化和停运系统。此外需注意的是本书中涵盖的概念多倾向于主控室内部设计，但这些概念也可以通过分级方法应用于主控室以外的人机交互界面。一些仪表与控制系统可能在一个或每个现场控制房间中都设置有一个人机交互界面；有些则可能在一个或每个场外支持中心设置一个人机交互界面；一些人机交互界面也可以直接设置在外部。

针对用于高度现代化（包括技术变更）或对现有仪表与控制系统进行过本土化改造后的系统，本书提供了针对人因工程相关设计的分析和评估方法，旨在为工程项目中的人机交互界面设计提供一些指导意见。此外，书中为新的仪控工程师提供了人因工程分析，如功能分析、控制功能分配和任务分析。本书也简要描述了仪表与控制系统团队可以在何处找到人因工程相关要求以及如何确保在仪表控制系统中考虑到这些要求。本书旨在为提高仪表与控制系统相关负责人对人因工程应用方面的重视程度。这些人在本书中被称为仪控工程师。此外，整个书的重点基于团队协作的方式，其中包含重要的运行和维修利益相关者的参与。书中特别提到团队协作在开发过程中至关重要的作用，因为协作是仪表与控制系统和人因工程不同要求之间进行信息交换，找到工作要点的关键步骤。本书同时补充了其他现有的国际原子能机构出版物内容，特别是《核电厂仪表和控制系统设计》和《核电厂设计中的人因工程》，同时尽量减少与这些书在以下领域的重叠：

（1）仪表与控制系统生命周期和开发过程；

（2）人因工程计划的发展和展望。

本书未提供有关人因工程的开发、实施或人机交互界面设计方面十分详细、全面的指导，主要总结出现有的实践经验，为仪控工程师提供帮助，能代表行业最佳的人因工程方法或人机交互界面设计指南。

1.4 结构

本书的结构大致遵循典型仪表与控制系统项目的进行顺序。

第 2 章介绍了人因工程的基本概念，以及人因失误、人因失误机制和仪表与控制系统与人因失误之间的关系。

第 3 章介绍了核电厂仪表与控制系统的基本概念、主要结构、主要功能和安全相关任务目标。

第 4 章侧重于对终端视野概念的介绍，包括运行概念、人机交互界面的概念开发和人因工程的项目规划。

第 5 章重点讨论了仪表与控制系统架构与人机交互界面设计基准要求的一致性，以及识别和指定设计的约束条件和驱动程序。

第 6 章提供了用于分析的实用工具，以及从人因工程分析中获取的可影响仪表与控制系统设计的输入考虑。

第 7 章描述了人机交互界面设计如何在仪表与控制系统项目中应用的具体方法。这个部分基于从前面的章节中获取的结论，提供仪表与控制系统的具体人因工程考虑因素指导。

第 8 章重点介绍了可用作选择商业或修改的现有产品所开发的人因工程指南。

第 9 章向读者介绍了验证和确认仪表与控制系统的最佳实践操作，相应地也使人机交互界面满足人因工程的要求。

第 10 章介绍了选择人机交互界面设计主题的补充指南，人因失误的预防原则、仪控工作环境相关要求及人机关系之间的辩证关系。

第 11 章详述了人机交互界面诱发的认知错误和认知工作量分析，介绍了主控室设计中人机交互界面诱发的认知误差分析和认知工作负担干扰分析，包括人机交互界面诱发的认知错误分析和主控室设计中的认知差错等。

第 12 章提供了有关人机交互界面设计的补充考虑。

第 13 章讨论了人因工程验证和确认（V&V）方法和验收标准。

第 14 章总结了本书中的主要技术观察内容。

附录介绍了本书相关术语、缩略语及对应的英文解释，方便读者查阅外文文献。

本书各个章节如何整合到整个仪控生命周期，以及建议的输入和输出信息的示例如图 1-1 所示。

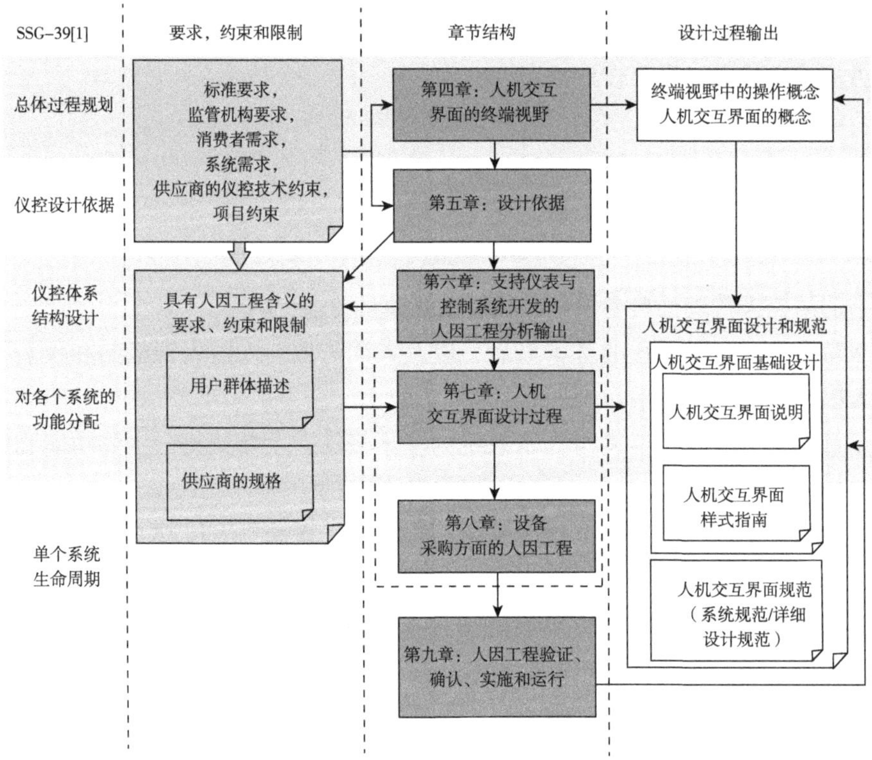

图 1-1　书中仪表与控制系统相关人因工程方面的结构

本书的总体结构通过逐步推进的方式反映了人机交互界面发展过程，从人因工程相关行动的规划开始，到验证、确认和人因工程设计解决方案的实施结束。此过程与

《核电厂仪表和控制系统设计》中描述的过程一致。为了显示二者关系，本书中标在黑框中内容为《核电厂仪表和控制系统设计》中提到的仪表，与控制系统生命各个周期相关（阶段标题显示在图 1-1 的左栏中）。

在人机交互界面设计过程中要考虑的所有要求、约束和限制都显示在图 1-1 中的第二列。人因工程要求摘自标准、监管机构和其他“仪表与控制系统设计基础”开发阶段的相关文件。要求是以人因工程分析的结果和在“人因工程分析输入仪表与控制系统”阶段收集到的潜在仪表与控制系统用户信息为基础完成的。所有的要求都彼此统一（发现并减少潜在需求冲突的过程），并被用在“人机交互界面设计过程和规范”中。特定系统的特定要求供应商提供的设备和软件规格作为“人因工程”的输入提交设备采购”。

图 1-1 最右侧的一列标明了来自人机交互界面设计过程的典型输出信息。虽然“人机交互界面详细设计”不是本书的主题，但在图中表明了在详细设计阶段验证和验证提出的设计解决方案的必要性。

图 1-1 为本书的结构和内容提供了背景信息，相应地，该图反映了一个简化的设计过程。设计过程往往可以随着设计概念的不断成熟多次迭代，是非线性的。尽管在图中没有实际描述出来，这点仍是人机交互界面研发中的现实因素。

第 2 章

人因工程

人因就是指与人有关的因素。国际电工委员会（IEC）将人因定义为：会影响整个系统性能，与系统设计、运行、维修相关的人的能力、局限性及其他各种人类特性。

2.1 人因失误

核电厂技术系统中，人因失误已成为引发事故的主要原因之一。

人因失误是人未能恰当地、充分地、精确地、可接受地完成所规定的绩效标准范围内的任务。

人因失误具有如下特点：

（1）人因失误具有重复性。人的失误常常会在不同甚至相同条件下重复出现，其根本原因之一是人的能力与外界需求不匹配。人的失误不可能完全消除，但可以通过有效手段尽可能地避免或者降低其发生的可能性。

（2）人因失误的发生往往与情境环境有关。人在系统中的行为绩效与系统环境有关。紧迫的时间压力，不恰当的信息显示，不合适的控制设备，不恰当的培训等会导致人因失误的发生或者增加人因失误发生的概率。

（3）人的行为存在固有可变性。一个人在不借助外力情况下不可能用完全相同的方式重复完成一项任务，这是人行为的一种固有特性。人员行为的固有变化特性会造成绩效的随机波动而足以产生实效。

（4）人因失误的自恢复性。人的失误会导致系统故障或失效。然而，许多事件分析表明，人有可能发现先前的失误并给予纠正。在核电厂概率安全评价中，人的恢复因子的计算直接影响核电厂风险评估结果。

（5）人具有学习能力因为可以主动减少同类失误。人能够通过不断的学习以改进他的工作绩效、减少失误，而机器一般无法做到这一点。在执行任务过程中，适应环境和进行学习是人的重要行为特征，但学习的效果又受到多种因素的影响，如态度、动机等。

2.2 人因失误机制

人因失误的产生主要来源于人两种不同的认知控制模式的影响，第一种是注意模式，第二种是图式模式。

人的注意是指人对于情境中的众多刺激，只选择其中一个或一部分去反应，从而获得知觉经验的心理活动。影响注意的因素复杂，主要有两个因素：

(1) 个体的动机或需求，在有动机和需求的情况下，会对满足需求的目的特别注意；

(2) 刺激本身的特征，如刺激的强度（如声音、光亮）、变化（如报警灯的变化）以及醒目性等，均将特别引起注意。注意模式需要人自觉地监视注意及反馈的驱动。

图式是指个体通过一段时间对环境直接或间接的经验而获得的各种经验、意识、概念等不断积累、综合构成的与外在现实世界相对应的抽象的认知结构或知识结构，它储存在人的记忆之中，是对外在事务的一个整体的抽象，是人认知世界的基本模式之一。当个体遇到外界刺激情景时，他使用此构架去核对、了解、认识环境。

与注意模式相比，图式模式使用行为的预先程序化序列，例如，一个有经验的操纵员可以非常容易处理核电厂的日常运行工作。当核电厂主控室的某种刺激出现时，操纵员头脑中相应的图式被激活，他会立即执行相应的行为。图式模式比注意模式对个人信息处理能力的要求低得多，人员凭以往的经验可以处理更多的信息，但人因失误概率可能增加，例如相似情景发生时，就可能激活错误的图式。

与图式模式相关的人因失误通常产生于自动检索过程中的相似匹配和频率博弈。

2.3 数字化核电厂主控室与传统主控室人因相关方面的变化

数字化主控室是整个核电厂系统运行中枢神经，数字化人机交互界面是系统运行的“窗口”，人机交互界面除了能对核电厂运行状态进行监督，还能通过人机交互界面操作，使核电厂能够维持在安全状态，或在事故工况条件下，使之恢复到正常状态。与传统基于模拟控制技术的主控室相比，数字化控制具有以下特点：

(1) 控制的自动化程度提高。即使在多种情况的扰动下，系统仍然可以自动进行校正和补偿，容错性能也大大提升，需要操纵员干预系统运行的情况大幅减少，并且系统可为操纵员提供决策支持。但同时也使得系统更加不透明。

（2）操作方式计算机化。数字化技术改变了操纵员在人机交互界面的操作方式，主要采用基于计算机的软操纵方式，如打开相应的软件、点击操作指令等，这种操作方式降低了操纵员的体力负荷。

（3）信息集成显示。数字化人机交互界面是多元化的信息显示系统，人机交互界面不受限于界面的物理空间，通过相关的指令就可以查看相关的信息、调用相关的画面，信息集中显示也有利于操纵员获取相关的信息，报警方式更具灵活性和多样性，相比传统主控室的人机交互界面在信息的完整性和安全性方面也都得到了很大的提高。但信息获取的直观性下降，操纵员认知负荷上升。

在采用数字化主控室之前，核电厂操纵员是通过旧式的模拟主控室来监控核电厂运行状态并进行操作。数字化主控室的引入，引起了人因方面的诸多变化。这些变化主要包括：操纵员作业模式、认知行为和负荷的改变；运行组织结构和运行机制及人员在操纵员班组中的作用和功能的改变；操纵员班组成员之间的交流机制和交流方式的改变；操纵员执行规程的行为模式发生了改变，这些变化有可能导致人因失误的产生。

数字化控制系统不同于传统的模拟控制系统，尽管数字化控制系统具有很多的优点，但是数字化技术在先进主控室中的应用，使得在技术系统、人机交互界面、规程、任务以及班组等情境环境因素方面发生了变化，这些变化的特征会给操纵员的行为带来正反两方面的影响。

第 3 章

核电厂仪表与控制系统

核电厂数字化仪表与控制系统的主要目的是用于监测和控制核电厂释热和电能生产的主要和辅助过程，在所有运行模式包括应急情况下，维持电厂的安全性、可操作性和可靠性，并且在正常运行工况下保证电厂的经济性。

核电厂仪表与控制系统用于：首次启动和以后的启动；正常运行下的优化处理，维持设备的规定工况；汽轮发电机组在正常运行、正常运行的中断事件和设计基准事故下的功率限制、降功率和停堆，并能维持次临界；非正常运行工况的早期探测，消除和/或使所有设计基准事故和超设计基准事故事件的影响最小。达到上述目标要有设备、仪表与控制系统和操纵员的参与。

随着设备质量和可靠性的提高、控制系统的升级、人员技能的进步，控制系统（自动装置）和操纵员之间的相互关系和责任划分问题变得更加重要。所有系统、设备和仪控装置将完成信息功能和控制功能。设计概念基于操纵员优先的原则，同时控制系统的观测作为便利和可靠的支持。

核电厂主要过程的监测、控制和安全中心是主控室。在所有的运行工况下，包括设计基准事故（DBA）和超设计基准事故（BDBA）时，从主控室执行整个核电厂的控制。主控室破坏时，由备用主控室进行安全过程的紧急控制。主控室的设计中广泛使用显示器和键盘控制，同时常规的控制盘用于安全设备的应急备用控制。

3.1 核电厂数字化仪表与控制系统的结构

核电厂数字化仪控（I&C）系统采用了德国西门子公司的 Teleperm XP 用于正常运行仪表与控制系统，Teleperm XS（AREVA）用于安全仪表与控制系统。仪表与控制系统的软、硬件装置应满足技术规范书中设计功能、安全功能方面的要求。保证过程和过程设备在所有汽轮发电机组运行工况下的监督和控制，并被划分成功能区和功能组。核电厂全数字化仪表与控制系统的功能结构如图 3-1 所示（图见第 14 页）。仪表与控制系统设计遵循以下原则：

（1）故障安全——按故障安全原则形成输出通道信号，即处于正常运行模式，当事故反应堆停堆系统是处于等待模式时，来自系统软件部分的输出指令使输出模件继电器处于供电状态，并且从闭合接点拾取指令。这样就能保证，在通道故障继电器断电，其接点断开，使控制棒驱动机构电源断路器处于闭合状态的指令消除。

（2）单一故障——如果任何初始事件的发生需要进行操作，并且被动的设备部件或具有机械移动部件的有源元件独立（相对于初始事件）故障时，遵照这个原则系统仍然能够执行设定的功能。

（3）多样性——通过在不同系统（或一个系统的不同列）中使用不同和/或相同种类的、基于不同动作概念的措施实现指定的功能，提高可靠性。多样性针对冗余系统和执行相同功能的单元实施，方法是系统和单元采用不同的特性种类，如：不同的工作原理，不同的物理变量，不同的运行条件，不同的设备制造厂等；采用多样性原则，应该注意到，使用这个原则可靠性会得到真正的提高。

（4）独立性——采用系列（元件）间的功能和/或实体隔离来提高可靠性，使得其自身的故障不引起其他系列（元件）的继发性故障。在设计系统时通过采用功能和实体的分隔来实现独立性。为了提高系统的独立性，特别是相对于一般原因引起的某些故障来说，系统的布置和设计采用试题隔离的原则是完全必要的。

（5）冗余性——通过采用相对于必要的最小容量和足以满足系统执行设定功能的结构上的、功能上的、信息上的和时间上的冗余方法来提高可靠性。冗余性，就是说使用多于所需要的设备元件的最小量来实现系统的设定功能，是提高与安全有关的硬件设备可靠性的重要设计原则。不同的或相似的元件可用来达到冗余的目的。

（6）共因故障——若干装置和部件的功能可能由于某个作用的结果而失效。引起这种影响的来源可能是设计缺陷、制造缺陷、运行或维护差错、自然事件、人为事件、信号饱和、环境条件变化、或电厂内任何其他运行或故障引起的意外升级效应。设计中尽可能采取措施使这种效应减至最小。

（7）设备节能。

（8）“ALARA”准则——ALARA（尽可能低的可实现的合理性）原则在核电厂设备和系统，包括安全系统的设计时要以经济得失为目的加以考虑。

核电厂全数字化仪控（仪表与控制系统）系统主要包括：

- 反应堆紧急停堆系统（RTS）；
- 专设安全设施驱动系统（ESFAS）；
- 反应堆预保护和功率限制系统（PP1，PP2，APP）；
- 安全相关仪控（I&C）系统；
- 正常运行的仪表与控制系统，包括汽轮机监测、控制、保护和诊断系统，供电设备的控制和监测系统；

- 工艺参数监测和汽轮发电机诊断系统（PPMTDS）；
- 反应堆控制保护系统的电气设备（CPS EE）控制棒的控制系统和位置指示系统；
- 反应堆监测、控制和诊断系统（MCDS）；
- 消防仪控（FP I&C）系统；
- 自动辐射监测系统（ARMS）；
- 操作和监测系统（OM690）；
- 事故后监测系统（PAMS）；
- “黑匣子”；
- 地震保护系统（APS）；
- 中子通量密度监测硬件（NFNH）；
- 所有核电厂其他一般工艺装置的监测和控制。

3.2 核电厂全数字化仪表与控制系统的主要功能和特性

核电厂仪表与控制系统控制整个电能生产的主要和辅助过程并在所有运行模式及紧急情况下维护电厂的安全性、可用性和可靠性，以及在正常运行工况下维护环境的正常状态。

3.2.1 功能

核电厂仪表与控制系统提供了一个一体化的计算机系统，其信息、控制和监测功能覆盖了核电厂的所有过程系统。由于统一的接口参数、信号和命令以及人因工程和有组织的设计、内部系统功能的实现，所有的仪表与控制系统（子系统）相互兼容。仪表与控制系统的主要功能分为信息功能和控制功能。

（1）信息功能。

- 运行条件的调整、状态监测和诊断；
- 核电厂重要安全参数的监测；
- 保证核电厂停堆、安全、人员生命活动和事故后措施执行的技术设施的监测；
- 紧急情况下对操作人员的支持；
- 工艺设备资源的监测；
- 信息功能提供；
- 有关核电厂设备状况和运行工况信息的采集和初步的处理；
- 通过显示器、公用信息屏和单个仪表给服务人员提供可视信息；

- 发出机组参数偏离设定值的信号和提示信息；
- 保护、联锁动作和人员操作的监测和分析；
- 在汽轮发电机组异常工况时给操纵员以信息支持；
- 汽轮发电机组例行状态和过程事件的记录；
- 运行中重要参数和紧急情况时参数的记录；
- 紧急事件记录（“黑匣子”）；
- 生成运行文件和报告；
- 汽轮发电机组运行技术和经济指标的计算。

（2）控制功能。

控制功能包括维持安全运行，停闭反应堆到次临界，在正常运行状态被破坏和紧急状态的情况下停闭汽轮发电机组，事故后的检查和测量。详细可分为以下几种情况：

正常运行时：用于反应堆的启动、停堆、升功率、降功率以及维持反应堆稳态运行功率水平等功率调节；实现功率分布的控制；主要工艺过程控制及保证其经济性；维持运行参数在设计文件规定的限值内，维持安全运行条件。

紧急情况时：根据核物理和过程参数进行预防性的反应堆保护；主要工艺过程控制（限制，停闭）；对保护屏障的作用维持和限制在安全运行边界和条件范围内。

在设计基准事故（DBA）情况下：主要工艺过程的停闭；对保护屏障的作用维持和限制在最大设计边界范围内。

在超设计基准事故（BDBA）情况下：主要工艺过程的停闭；维持和限制对屏障的作用，以便不超过安全壳系统最大设计边界。

在上述所有运行情况下，仪表与控制系统确保人员的生存条件并限制对人员、当地人口和环境的辐射。

自动控制功能：自动控制所有工艺设备和驱动机构的自动化控制。自动控制的任务包括自动调节、可编程逻辑控制和工艺过程保护。

自动调节功能：

（1）自动维持工艺参数在规定的范围内；

（2）操纵员设置调节器的可调参数；

（3）备用电路的无扰动切换；

（4）备用调节器状态监督；

（5）在传感器信息被破坏情况下的调节联锁；

（6）维持规定的调节方式；

（7）命令的联锁被自动地发送给控制棒；

（8）每个控制棒的远程控制。

可编程逻辑控制的目标：

（1）产生符合工艺控制算法的顺序控制命令；

（2）实时检查应满足的工艺条件；

（3）工艺保护和机械设备控制联锁；

（4）每个控制棒和执行机构的状态监测。

工艺保护和闭锁：

（1）生成工艺保护信号；

（2）在发现紧急情况时，自动处理工艺设备控制以防止其自身损坏，同时保护人员安全并防止事故后果；

（3）向操作人员通报有关保护和闭锁系统的驱动；

（4）专用保护措施——在过程设备的电气驱动器过载或短路时自动断开开关设备；

（5）运行的连续监测并且在故障时报警；

（6）周期性检查运行中和处于“热备用”的保护设备。任何检查操作不得引起保护系统的误动作，又不妨碍保护完成其自身功能。

3.2.2 核电厂全数字化仪表与控制系统的特点

核电厂的监测与控制特点是由工艺过程的特点决定的。核电厂工艺系统的基本特点可以归纳如下：

（1）控制对象的工艺管线复杂，各种过程参数之间存在着紧密的联系；

（2）在反应堆装置工作时以及停了一段时间后，对大部分设备来说人员是不能接近的；

（3）对可靠性的要求高，以及由核电厂对安全高要求所决定的自动化装置高的运行质量；

（4）监测与控制裂变链式反应的必要性；

（5）监测堆芯状态的必要性；

（6）监测参数的数量大；

（7）大量核物理、热工、水力及其他直接测量无法得到的参数必须计算。

所有这些特性使核电厂控制对象变得十分复杂，要求高度自动控制，应用可靠的和有效的自动化装置和计算技术。

核电厂采用数字化仪表与控制系统实现了核电厂的所有工艺系统和设备的数字监测、诊断、控制和保护功能。

核电厂数字化仪表与控制系统采用了集散型计算机控制系统，通常也称为分布式控制系统（Ditribution Control System，DCS）。集散型计算机控制系统的优点是分散控制、集中管理，可靠性高。它将过程的数据采集及控制功能分散到各子系统，由多台功能计算机来实施，独立工作，避免集中控制所具有的风险。集散型计算机控制系统能将现场的信息通过网络系统传送到主控室使电厂操作员有可能对全厂各部分的设备进行集中监视、控制与管理。极大地提高了核电厂运行安全性、可靠性。它除了具有测量和控制功能外，还具有极强的数据处理和通信能力。可以方便实现复杂模型的过程控制。提高系统的抗干扰能力。减少现场信号电缆的敷设量，降低投资。同时实现了全厂信息共享提高生产管理效率。

3.3 核电厂安全仪表与控制系统的任务描述和安全分级

3.3.1 用于全数字化安全仪表与控制系统的工艺工程任务描述

1. 任务描述

目的是对先进 WWER1000 核电厂的用于全数字化安全仪表与控制系统的工艺工程任务作描述。任务描述应详细地作为 TELEPERM 数字化安全仪表与控制系统设备组结构的计划和执行的使用基础。这个工艺工程任务描述可以分为 4 个处理层级（所谓 Level 1~Level 4），如图 3-1 所示。

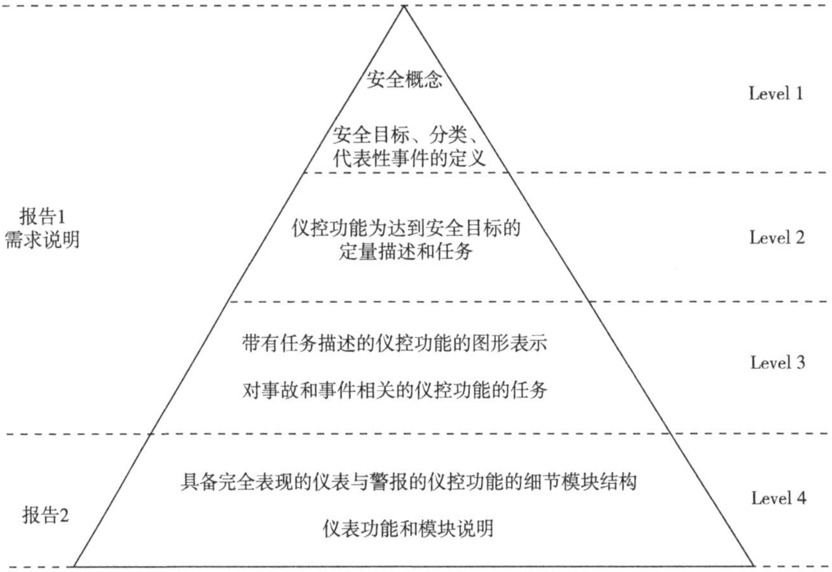

图 3-1　数字化安全仪表与控制系统的 4 个处理层级

图 3-1 中：

Level 1—安全目标的层级，以代表性事件来分类；

Level 2—仪表与控制系统 function（ICF）为达到安全目标的定量描述和任务；

Level 3—主要描述仪表与控制系统 function（ICF）的逻辑结构；

Level 4—仪表与控制系统 function（ICF）的模件结构图。

Level 1 ~ Level 3 是在 Level 4 中进行功能细化和任务描述的基础。在 Level 4 中仪控功能将被用模件结构详细地表现出来。到 Level 4 结束完整的任务描述将是有用的。在此基础上，仪控工程师可以在 TXS 的“工程设计与调试系统 SPACE”上产生功能图，进一步可产生功能程序。

安全系统的要求可处理为抽象的与安全目的相关的任务，由此可得出 ICF 的概念。在 Level 3 中所描述的仪控功能 ICF 是基于 PSAR 中确定的要求。

2. 仪控功能（ICF）的概念

为了包容和控制故障（faults）和事故（accidents），以及可能危及机组的事件，由安全仪表与控制系统所执行的各有关任务被以功能构造，这个功能定义为“仪控功能”的概念。在 ICF 中的故障目的能被清楚地定义抽象的任务和辅助的条件，并将它们以逻辑组合和合理的方法表现出来。基于仪控功能概念构造，ICF 的模件组态将服务于 Level 4 用作功能图的产生的功能。ICF 在完成其任务的过程必须有相应的条件，如：

- 借助于冗余传感器监测机组的工艺过程；
- 传感器所传送信号的逻辑门控；
- 控制机械的安全系统信号的产生；
- 为认定故障或事故，发出报警信号，安全危害信号和有关机组状态的信息。

ICF 是庞大的自动过程控制组件，当然，它也包括手动命令。这些手动干扰来自主控室（MCR）或备用控制室（SCR），或辅助控制站的用于以下目的：

- 通过手动执行某些 ICFs；
- 存储的重置，以经过工艺仪表与控制系统的允许动作，在优先动作路径终止动作信号；
- 在机组正常停闭时，旁路 ICF，以避免它们的某些动作。

以仪表与控制系统 function 的形式构成安全相关动作有下列优点：

允许明确地定义安全仪表与控制系统（ICF）的任务，并且以逻辑关系和合理方式来表示，有利于操纵人员的培训；

ICF 结构的明确划分，允许按照国家和国际的程序和标准作统一的说明和分类；

ICF 任务的描述形式可以按安全目标和分目标（安全功能）分别叙述。

在 Level 3，每个安全仪表与控制系统的功能（ICF）是以带描述性文字和工艺说明的图文形式来表示的。

3.3.2 核电厂仪表与控制系统的安全分级

根据核电厂系统和设备的功能目的，对仪表与控制系统的可用性和可靠性有不同的要求。实现上述带有安全分级的仪控功能 ICF 的核电厂仪表与控制系统能被分为三类：安全仪系统、安全相关仪表与控制系统和正常运行仪表与控制系统。

基于TXS软硬件设备的安全系统I&C，它保证应急控制功能。安全系统的仪控（I&C）设备为4通道结构。控制信号按照4取2逻辑形成。

正常运行系统和安全相关正常运行系统的仪表与控制系统是基于TXP软硬件设备和网络设施构成的，它保证监督、控制功能，保证不同机柜之间和下级与机组级之间的信息交换。正常运行系统和安全相关正常运行系统的I&C设备布置在两个房间内。

（1）安全仪表与控制系统。

所有安全功能是由安全仪表与控制系统完成的。它们包括执行上述安全功能要求的设备和电路。安全仪表与控制系统可分为两部分：反应堆紧急停堆系统（RTS）和专设安全设施驱动系统（ESFAS）。

① 反应堆紧急停堆系统（RTS）。

反应堆紧急停堆系统是安全仪表与控制系统的一部分，属于2y（1E）级（质量等级为E1）。当需要时产生控制动作触发事故状态下的反应堆紧急停堆。反应堆紧急停堆系统是由安全参数测量装置、符合逻辑电路以及反应堆停堆断路器等组成。反应堆紧急停堆是根据中子物理、反应堆过程参数或安全壳压力信号自动指令或操纵员操作指令进行的。在自动情况下，当信号满足符合逻辑的条件时，停堆断路器切断棒控系统的电源，所有的棒束在其自重作用下快速插入堆芯，使反应堆快速停堆。

② 专设安全设施驱动系统（ESFAS）。

专设安全设施的驱动系统是仪表与控制系统的一个子系统，属于2y（1E）级（质量等级E1）。安全系统，包括其驱动单元及适当的设备布置，根据安全系统驱动单元或操纵员发出的信号实现保护措施。

（2）安全相关的仪表与控制系统。

①安全停堆要求的系统。

反应堆安全停堆要求的系统被定义作为这种系统，它执行下列功能：

- 引导反应堆至次临界状态；
- 调节压力和反应性；
- 冷却剂供给；
- 余热排出。

② 安全相关指示仪表与控制系统。

安全相关的信息系统给操纵员提供核电厂工艺过程信息，并且必要时可手动完成要求的安全操作。显示仪表显示的相关信息包括：

- 控制棒位置指示；
- 换料期间活性区的中子注量率监测；
- 放射性水平和对环境的放射性排放监测；
- 事故监测（事故期间和之后）；
- 反应堆反应性监测。

③ 其他安全相关的仪表与控制系统。

其他安全相关的仪表与控制系统属于为下列目的产生联锁的系统：

- 减少事故初始事件的概率并限制其后果；
- 在事故工况下，维持安全系统处于良好的运行工况。

安全相关正常运行系统属于 3H（SR）级（质量等级 E2）。

第 4 章

人机交互界面的终端视野

4.1 简介

本章主要介绍人机交互界面的终端视野与人因工程之间的关联，侧重阐述终端视野的意义及其实际情况下的开发与应用。同时，对人因工程在终端视野开发中的作用提出建议，为开发设计提供技术指导方案，并结合工程项目中实际操作的需求，明确设计中需要重点考虑的因素。

4.2 终端视野的背景和目标

终端视野的主要目标是为工程项目提供清晰的、总体的描述。这种描述和展示是充分考虑到仪表与控制系统的体系架构和人机交互界面的操作方式的。终端视野在项目所有者（例如许可证持有人）层面定义了项目的总体战略目标。因此，终端视野是工程项目的出发点。它包括针对需要设计解决方案的问题或设计缺陷的定义。

终端视野需要在高层次的、总体性文件中被明确，指导和明确项目的生命周期，并提供规划、分析、设计、采购、验证和确认的关键输入信息。因此，终端视野有以下三个方面：

• 需要提供出集成仪表与控制系统在所有项目工程内预期活动（包括仪表与控制系统工程活动）计划成功完成后的状态；

• 在整个设计生命周期中指导项目的工程活动。同时确保仪表与控制系统，特别是它们的最终人机交互界面兼容、可用，能达到项目意图，以此保证开发内容的一致性；

• 作为重要的沟通工具，为所有项目参与者和利益相关者提供对项目目标的统一理解。

终端视野需要由工程项目的所有利益相关者共同制定，包括但不限于仪表与控制系统团队和人因工程团队。制定过程要考虑到整个电厂设计，建设、调试、运行、维修和停堆。

终端视野是所有项目利益相关者的关键文件，因为许多设计基础要求和其他关键文件，例如工程和人因的计划，都是基于终端视野产生的。终端视野包括：自动化水平、人机交互界面概念、主控室概念等定义，必须在所有项目利益相关者之间达成共识。本章的其余部分包含了此类合作的几个示例。

在制定终端视野时，一种定义“谁”（Who）“什么”（What）“哪里”（Where）“何时”（When）“如何”（How）和“为什么”（Why）的系统方法很重要。终端视野由操作概念和人机交互界面概念设计组成。有关概念性人机交互界面设计开发的更多信息可以在第 4.2.1.1 节中找到，有关操作概念的内容见第 4.2.1.2 节。

随着时间和项目进程的推移，终端视野是会随之发生变化的。因此，终端视野，以及实现它所需的相关计划，都需要能灵活地应对各种重要的变化。例如，电厂状态、预算或优先事项可能会发生变化，同时新技术的出现可能会改变原有的终端视野。此外，从其他项目中吸取的经验教训也可能促使终端视野做出改变。

对终端视野的更新或更改，要根据项目设计需求安排在适当的设计阶段。对终端视野的修改，需要在确保最初规划的设计解决方案可行基础上，仅在必要时进行修改。同时，要注意对原始设计、更改意图及更改内容进行完整记录，以确保各个项目变更都有准确的历史记录。

以下项目初始的考虑因素和战略目标示例可用作输入终端视野的制定：

（1）许可环境考虑；

（2）人员配备（取决于反应堆类型、改造类型、电厂条件）、工作人员角色分配总览，每个角色所需的能力水平；

（3）保持员工竞争力，具备电厂状态风险意识的培训措施；

（4）人机交互界面系统的维修和改造；

（5）商业和经济考虑因素；

（6）采用的技术和所需的自动化水平；

（7）纵深防御和安全分级。

认识到制定终端视野需要多方面学科方法很重要。图 4-1 显示了人因工程和仪表与控制系统要求之间的相互作用。仪表与控制系统和人因工程相结合的团队需要对共同关注的要求进行交叉审查，进而得出协调一致的技术领域的要求/结论，例如自动化水平等。

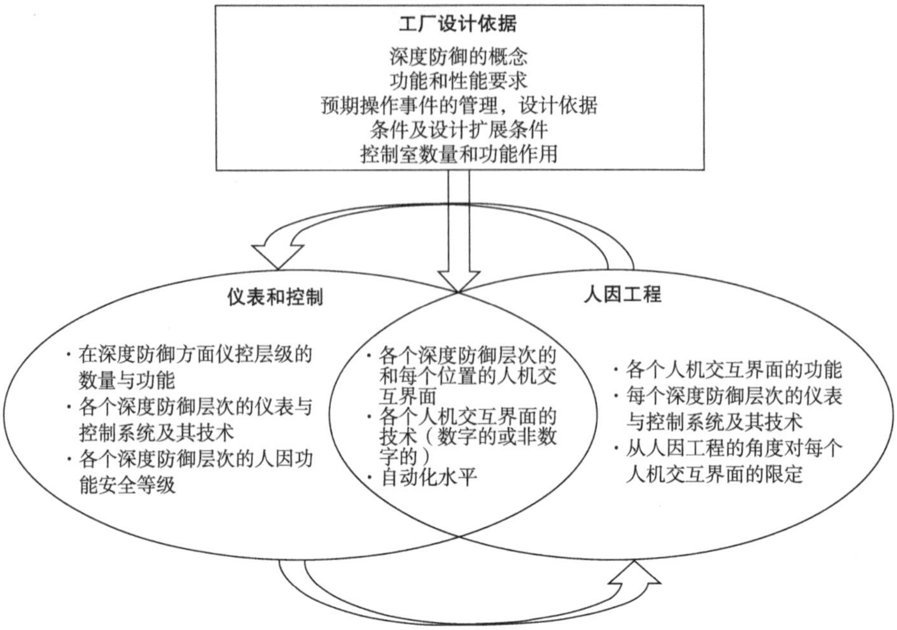

图 4-1　仪表与控制系统和人因工程之间的交互示例

4.2.1　终端视野范围

终端视野的范围由战略目标、人机交互界面概念和相关操作定义。终端视野的目标有助于明确仪表与控制系统的需求，同时可以提出达到目标所需要的相关活动、利益相关者和所需的交互形式，进而最终明确终端视野的范围。终端视野范围取决于工程项目的类型（例如新建或停堆），包括但不限于以下内容：

——对需求或目标的高层次陈述；

——关键利益相关者的定义；

——关键接口的定义（例如与其他设备、人员、设计团队）；

——潜在解决方案和采购策略（如果适用）的高级定义。

终端视野通常包括以下两个组成部分，以及在以下页面上的更多详细信息：

——人机交互界面概念设计；

——操作的概念。

4.2.1.1　人机交互界面概念设计

人机交互界面（HSI）概念设计通常会首先确定：

——哪里：人机交互界面和人机交互界面组件的地理位置和物理位置。

——哪个：已知的人机交互界面和人机交互界面组件。通常根据仪表与控制系统确定组件的体系结构和布置位置。

——谁：每个人机交互界面或人机交互界面组件的目标用户，通常取决于整体人员配置。

——时间：当要操作给定人机交互界面或人机交互界面组件时，相应的电厂状态和条件。

——什么：每个人机交互界面或其主要特征组件（例如报警管理或基于计算机的程序（CBP））所需提供的主要功能，多数时候取决于“什么时候”。

——如何：人机交互界面或人机交互界面组件在给定情况下的使用、操作和维修的预期效果。

在这个阶段，重点强调“概念”而避免进行系统设计或实现。其目的是对仪表与控制系统有一个整体上的了解，后期将通过操作概念和人机交互界面进行细化完善设计。

在定义概念设计或为其他设计活动确定范围时，也必须征求人因工程专家的建议。例如，从仪表与控制系统方向看，为了确保电厂的安全，属于不同纵深防御等级的人机交互界面必须彼此独立并有所区分。从人因工程的角度来看，多种不同的外观以及不同操纵行为（但提供相同的功能）的人机交互界面可能对人的操作有害，可能会增加人因失误并造成安全问题。用于监测和控制电厂状态的各个方面的人机交互界面必须与电厂的其余部分（即整个电厂的相同功能和操作）彼此一致。因此，这两个相反的要求之间必须进行权衡，寻求一个各方都可以接受的解决方案。

人机交互界面概念设计还需要描述自动化程度和维修所需的策略，因为这些将影响工程项目的范围和定义方式，同时将对仪表与控制系统和人因工程有主要影响。从仪表与控制系统的角度来看，当自动化设备及监控设施在某些情况下，需要引入更多物理设备，例如传感器、电缆、机柜和机架，导致其成本可能更高，并且需要更多的存放空间。从人因工程的角度来看，为了确保电厂人员操作和自动化之间的结合，许多相关要求必须要满足。这反过来又会导致额外的仪表与控制系统成本。此外，定义与自动化系统对应的交互界面需要对操作人员任务所达到的功能进行深入的定义和分配。反之，这也将对电厂人员的人员配置、培训和资格要求产生重大影响。因此，人因工程和仪表与控制系统专家之间在自动化水平及设备监控方面达成共识是非常必要的。

以下段落是人机交互界面概念设计的示例内容。

对于新的设计，人机交互界面概念设计描述了不同的人机交互界面和人机交互界面组件以及与电厂运行相关的不同控制位置。在这种情况下，概念设计需要至少考虑：

——主控室（MCR）；

——辅助控制房间（或远程停堆站）；

——技术支持中心；

——其他与电厂运行有关的设施，如应急管理、燃料装卸、就地控制站等；

——仪控设备的位置。

同时可以考虑其他的位置，如安全监测中心、远程设备监测中心；非固定位置，如分配给现场操纵员的移动人机交互设备等。对于设计修改，人机交互界面概念设计描述了适用于修改的人机交互界面或控制中心等内容。

对于新建筑的设计修改，人机交互界面概念设计原则也同样适用：

——控制中心内人机交互界面面板和工作站的布局，其中需要考虑到带有所有必要的硬连线指示和控制功能（以确定控制中心的大小）的屏幕或面板/桌子的使用。

——控制中心内的技术方法。驾驶舱方法与模拟方法相比，更多地依赖于数字化技术，使用多个屏幕来查看/使用所有必要的信息和控件，而不是所有控件和指示都存在于一个控制台/面板/概念中心。

——仪表与控制系统设备的位置。

4.2.1.2　操控概念

《核电厂设计中的人因工程》将操作概念文件视为用于工程项目的基本要求。《核电厂设计中的人因工程》将操作文档的概念定义为对“就如何操作以执行其功能而提出的设计，其中包括各操作人员的作用以及如何组织、管理和指导他们。运行理念描述了电厂的运行方式（“运行理念”），包括数据，操作人员的组成以及他们如何在电厂正常和异常情况下进行的操作。”它旨在“传达一个故事”，说明在设计整个流程中何时、为何以及由谁使用。因此，它对于新系统的设计实施或系统实施后的运行都是非常有益的。运行理念的发展通常基于团队合作，包括来自不同部门的电厂经理、人因工程专家，他们是可以提供有关现有设计性能的宝贵经验（包括技术方法、维修问题、老化问题）的工程师，以及提供人机交互界面使用经验信息的最终用户。用户可以指明那些需要避免的人机交互界面设计内容，并根据现有经验提供系统开发规范相关信息。最后，供应商根据所能提供的仪表与控制系统和人机交互界面能力范围提出相关建议。

运行理念改进了第 4.2.1.1 节提到的“谁”和“何时”，并回答了“为什么”。例如：

——谁：人机交互界面的描述，包括人-人和人-系统的交互，主要基于每个班次负责电厂监控与操纵人员的数量，及每班操作人员的水平。

——何时：活动、任务、流程、优先级、并发性（在各种产品模式和条件下实现任务目标所必需的时间/顺序要素）。它包括支持或帮助控制人员履行监控职责，检测干扰、进行情况评估、响应计划、响应执行和自动和手动控制之间的转换管理等机制。

——为什么：阐明读者对运行理念中特定事件中概念情景的理解。

运行理念从系统使用者角度描述了一个新的或现有系统的特征。同时向所有利益相关者定量和定性传达了展示系统的相关特性。

运行范围的概念被定义为与眼下工程项目相关，包括对所有电厂条件，人员及其与项目相关的角色描述。重要的是，运行理念与人机交互界面概念设计一起起草，这两个文件构成了设计解决方案的总览或终端视野。

运行范围概念内的电厂条件描述包括电厂运行（或任何其他相关活动）的各个地点所必需的人员配备，以及应遵循的相应程序的类型和模式。在这个阶段计划的人员配备和流程的考虑仍然是假设，需要随着设计进展进一步评估。以下段落提供了运行理念不同的应用示例。

对于设计修改或程序的更新，需要考虑：运行范围与现有的电厂条件、控制中心和其他分布位置、人机交互界面或特定系统的添加或修改，以及操作中涉及的人员角色（设计修改方面的通用示例，包括设备更换、体系结构更新、集成和自动化）。

从根本上说，运行理念必须提供关于整体设计方法和一切关于不同电厂条件之间转换所需要的背景信息。

在以新系统作为设计修改的一部分的情况下，尽管取决于修改需求可能有许多替代方案，此描述仍仅限于一个操纵员负责一个或多个系统。

例如，运行理念的内容可能包含以下信息：

为每个地点的每个操作人员针对每个地点及其相关人机交互界面所制定的主要任务。

此外，针对每种电厂条件的任务示例包括：

- 电厂正常运行期间的运行和监控；
- 瞬态和事故工况下的电厂运行和监测（包括全局事故管理）；
- 各个电厂条件下的报警管理；
- 协调所有电厂操纵员，包括主控室操纵员、现场操纵员、紧急情况设施运营商/成员（例如技术支持中心、紧急支持中心以及在各电厂运行模式下的维修人员）；
- 执行适当的操作和管理程序；
- 维修操作的授权、监督和执行。

——操作范围概念的描述，可能包括：

- 使用概念性人机交互界面在不同电厂条件之间的转换；
- 仪表与控制系统失灵或人机交互界面故障（例如，报警处理丢失、报警显示丢失、失去控制界面、失去 CBP、计划的应急行动与人机交互界面概念设计）。

——影响人机交互界面的仪表与控制系统预期故障的描述，可考虑：

- 检测和确认故障的手段；
- 当电厂可以维持运行直到仪表和控制故障得到解决时；
- 当电厂需要关闭时；
- 解决仪表与控制系统故障的应急行动计划；
- 减轻仪表与控制系统故障的应急行动计划。

在考虑运行理念时，考虑如何维修“理念”也很重要。例如，如果寻求预测性或有条件的维修方法，则仪表与控制系统处理需要更多来自设备（执行器、传感器等）的数据信息。这将对电厂仪表与控制系统体系结构有一定的影响。从人因的角度来看，有必要定义谁将进行数据的分析，以及执行此操作所需的人机交互界面。因此，仪表与控制系统和人因工程专家必须就维修形式达成一致（例如定期维修或基于条件的维修）和所需自动化水平，例如：

- 系统是否会对数据进行处理和组合，然后仅将信息显示给操纵员？
- 系统是否会监控来自设备的所有数据并在达到特定阈值时向电厂人员发送报警？

从人因工程和仪表与控制系统的角度来看，每个选项都有利有弊。从人因工程的角度来看，这引发了操作人员监控此类数据所必须具备的资格和技能水平的问题。运行理念文档可以帮助制定人因工程分析的设计和人因工程分析规范，并有助于改进和修改操作。可能并非所有设计活动都需要正式的运行理念文件，但牢记运行理念的总览（关注系统的最终用户）可以确保人因工程分析有助于仪表与控制系统的优化实施。

4.2.2 制定终端视野的具体考虑

4.2.2.1 终端视野的特定注意事项

支持人机交互界面的仪表与控制系统的设计需要考虑在每个位置应用的技术背景。外观、感觉和功能的一致性对于确保将操纵员出错的可能性最小化是十分重要的。

对于现有地点的现代化进程，终端视野在防止人机交互界面碎片化方面起着至关重要的作用。新旧系统之间的碎片化可能导致旧的、现有的系统和新的“概念”系统之间的不一致。终端视野旨在确定新旧系统之间的转换，并决定最终设计将如何减轻因集成新旧设计而导致的设计不一致。可以通过在概念设计计划中预测未来的升级来有效节约成本。

在更新计划中，终端视野从整合分阶段实施修改的方法中获益，同时考虑所有必要的预期变化。例如，在主动工作控制中心的现代化改造中，升级可能会逐步进行，一次一个系统，通常对应连续的中断。在这种分阶段的方法中，终端视野有助于确保升级以系统的方式进行，并在修改实施的每一步保持一致性。（逐步“验证和确认”检查也有助于确保这一点。）

4.2.2.2 评估技术选项

评估技术选项的第一步是确定任何实现所需的操作概念和人机交互界面概念设计的可行技术。例如，一个新的构建控制中心需要确定一个电厂自动化运行的整体仪表与控制系统体系结构。也许现有为这种仪表与控制系统体系结构提供多种设计解决方案，因此识别和选择支持终端视野的适当解决方案的系统化流程很重要。人机交互界面概念设计和操作概念都有助于定义用于选择合适设计解决方案的标准。另外，对于需要与现有系统融合的设计方案，在合理可行的范围内确保一致性非常重要。

为确定可用技术，针对类似应用和（或）其他应用的案例对标在新技术应用时期特别有效。在电厂改造的情况下，通常选择与现有相同的技术（例如选择相同类型的模拟开关而不是数字解决方案）。然而，基于对运行经验的审查，例如审查日志和记录、不同的功能和/或技术中是否发现任何问题及相关事件有助于缓解已知的设计问题。举个例子，设计团队可以审查电厂整改方面现有的仪表与控制系统组件，分析其正负面影响。这些选项可能包括以下内容：

——什么都不做，保留现有组件；

——对其中受影响的仪表与控制系统执行相同组件类似的替换；

——替换为模拟解决方案；

——替换为数字解决方案。

此过程的最后一步是选择要实施的设计解决方案。然而，这在项目的早期阶段可能无法实现。因此，分阶段进行选择和满足终端视野的技术选项的评估可以在设计成熟阶段的适当时间实施。为了实现这一目标，通常需要定义可以应用于不同的设计解决方案的选择标准，以助于比较区分它们相对的优缺点。这可以通过定量地根据不同的标准定义评分系统，并定性地，通过评估并认可相对利弊的潜在的解决方案来解决。通常会根据项目的需要将定量和定性方法的组合。重要的是要确保这个过程是全面的和考虑设计的所有相关方面和终端视野中的信息，例如人机交互界面概念设计和操作概念。以下示例可用于制定选择标准：

——对现有和/或应用的（新）仪表控制平台、人员表现和操作有效性（减少人因失误）、可靠性、可维修性以及初始和操作费用；

——考虑候选选项的监管要求，因为这些可能需要进行是否安全的评估，如果不安全，可能会影响项目的进度。

此外，确保过程的记录很重要，以便随着项目的成熟进行关键选择与决策的审查和访问。

在主控室中采用任何新技术都可能对主控室系统性能产生积极或消极的影响。人因工程专家在新人机交互界面实施前对其进行审查是有益的。如果更改对人机系统性能有重大影响，则可能需要进行安全评估或在实施前使用现场测试进行验证。

4.2.2.3 考虑新兴技术

在终端视野开发过程中评估潜在的技术选项是谨慎的选择。新的技术可以为实现设计方案带来一定的好处，但也可能带来更高的项目风险。例如，移动智能触摸屏设备可以通过使用便携式设备在电厂内移动为电厂提供一定的移动灵活性。但是，如果该设备引入新技术，在验证和确认活动的设计过程中可能需要更高级别的测试，因为它实施时可能会带来不可预测的未知后果。因此，在终端视野的开发过程中对新兴技术的高级审查，需要确定降低项目风险可行的改进措施最终解决方案与风险评估。此外，新兴技术可能会给许可带来全新的风险，这也需要在考虑该技术之前进行必要评估。

在老旧的电厂中，硬件和模拟技术，例如指示器、记录器（带有参数趋势含义）和报警磁贴，以及控制器和开关被经常使用。其中一些交互技术增加了数字化技术（例如自动/手动站模块、数字记录仪、现场设备）。

在新构建中，通常使用软件/数字技术，其中所有基本功能（例如状态/参数指示、报警、控制器、开关、现场设备）可以使用视觉显示单位（VDU）。因此，软件应用技术在通过视觉显示单元执行和表现功能方面起主要作用。

从模拟技术（例如使用连续可见的、空间专用的人机交互界面）到数字技术（例如，信息不是连续可见或不是一次全部可见）的变化引入了用于导航或访问屏幕上显示信息的新型辅助活动。操纵员必须调查系统检索定位信息，而不是简单地使用在模拟面板上持续显示的信息（这要求操纵员记住信息的位置是并且知道如何访问它）。这是数字化人机交互界面相比传统人机交互界面的缺点之一。易于使用——最大限度地减少人因失误的可能性，同时确保系统能够容许人因失误——这是使用数字化人机交互界面的基本要求。

4.2.2.4 考虑移动和智能设备

移动智能设备终端已经被引入核工业，并可以预见其未来将成为新建核电厂现代化的重要方向之一。在核电厂中使用移动和智能设备时，如果能使用有效的设计，并将智能应用集成到更多系统中，可以减少操作人员出错的可能性，提高工作效率和生产力。相反，如果它们没有在设计中考虑到具体操作人员，也可能会增加人因失误的可能性。因此，有必要在实施之前了解移动和（或）智能设备可能会对操纵员和电厂的性能造成的影响，并考虑移动设备对许可方面的影响。

移动设备和智能应用的功能可划分为是否无线。无线设备包括实时通信（信号和设备）功能的一个关键考虑因素，是无线通信是否通过对安全系统产生负面影响电磁干扰。对于非无线设备，因为不存在电磁干扰，其关键的考虑因素是可用性。

无线设备可能会对特定情况（例如紧急响应）有益，同时在终端视野中定义所设计的解决方案是否需要满足这种情况的要求很重要。此外，一些智能设备可能会采用先进的人工智能等软件功能，可支持操纵员在时间紧迫、压力大等情况下处理复杂任务。但是需要充分了解此类软件可能对安全方面和其他更广泛系统的影响。此外，与智能相关的潜在人因失误与传统的人机交互界面和常用的视觉显示单元相比，人们对其设备、高级软件和人工智能的了解程度较低。在评估这些潜在的解决方案时必须小心，因为它们可能在实施时会带来意想不到的后果，例如增加人因失误的可能性。

对移动和智能设备使用可参照以下选择标准：

——设备特性，包括功能和物理结构、技术准备情况和监管考虑；

——工作领域和操作环境，包括运行时的电厂状态和工作场所条件；

——人机交互界面和交互的可用性；

——与其他人机交互界面系统或设备的结合和协调；

——人员表现，包括任务准确性、人因失误、工作量和状态感知；

——计算机安全方面；

——版本控制和软件管理。

4.2.2.5 数字与模拟技术

可以根据必要的安全性指标认证与安全相关的关键监控信息和控制措施，考虑不同类型的仪表与控制系统技术。最初的终端视野可以大概列出后续需要分析，确认和采用的技术。与仪表与控制系统的类型相关，数字仪表与控制系统的使用正在成为一种标准，需要与模拟技术对比考量。(后者可适用于某些电厂条件，例如瞬变和事故。)

无论如何，来自人因工程和仪表与控制系统领域的限制以及要履行的功能有助于确定最佳技术选择和最终人机交互界面的实施。

4.2.2.6 计算机安全

计算机系统的安全要求以及人机交互界面可能成为的漏洞来源或者防御和恢复手段需要按 NUREG-0700（修订版 2）中所说的要求进行考虑。从人因的角度来看，计算机安全需求包括：

——人因失误的影响，例如会导致安全漏洞的错误；

——人作为通过辅助识别攻击和损害工具的一个组成部分提供纵深防御评估；

——用户识别和验证的注意事项（例如，密码锁可以防止不当访问，但必须以尽量减少对关键操作干扰的方式进行设计)；

——避免阻碍系统最佳运行的数据防火墙（例如，必须由操纵员在两个不同系统之间手动转录)。

虽然防止安全漏洞本身对核安全很重要，仪表与控制系统工程师也要在上述标准与有关可操作性/可用性之间进行平衡。高度优化的人类-技术系统在最大限度地降低核风险方面发挥着重要作用。

因此，仪表与控制系统工程师必须考虑增强的人因失误的保护措施，同时考虑增加安全保护措施是否会以降低运行可靠性为代价。确定冲突的地方（例如，计算机安全措施响应显著减缓，或完全停止的地方）必须考虑安全保障影响，并由相应的咨询小组记录在案并解决。

仪表与控制系统工程师考虑安全措施的分类也很关键。如果安全措施的失败可能会停止仪表与控制系统针对故障的响应，那么安全措施的分类必须与仪表控制系统的安全分类相匹配。

4.3 人因工程项目管理

4.3.1 介绍

人因工程计划管理是各个项目的重要组成部分，以确保在核电厂设计和改造时整合项目活动并实施人因工程。人因工程计划管理通常在人因工程计划中制定，该计划描述了人因工程如何与项目目标相关联，并定义了如何通过人因工程活动实现这一目标。人因工程计划广泛而全面，可适用于核电厂其设备涉及人机交互界面的分析/设计、实施、运行和退役的所有类型的工程项目。

本节提供实用的人因工程计划管理指南，概述其范围、目标、活动和关键投入，尤其是与仪表与控制系统活动的关系。在本节的末尾还讨论了人因工程项目管理计划的一些特殊注意事项。

4.3.2 人因工程项目管理要求

《IAEA 核电厂安全设计》SSR-2/1（Rev. 1）中规定：

“包括人机交互界面在内的人为因素的系统考虑必须在核电厂设计过程的早期阶段就包括在内，并应贯穿整个设计过程。”

《核电厂设计中的人因工程》确定了开发人因工程程序的必要性，以确保在整个设计过程中系统地考虑人因工程。《核电厂设计中的人因工程》还定义了人因工程计划管理的主体预期内容。人因工程活动需要整合到工程项目的基本阶段，如图 4-2 中的示例所示。

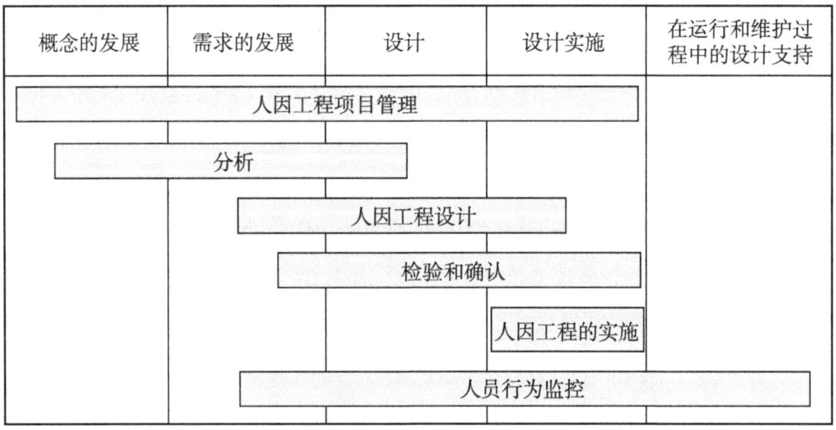

图 4-2　通用工程项目例子，说明何时开展人因工程活动

（转载自《核电厂设计中的人因工程》）

除了安全和监管要求外，人因工程计划还可以为工程项目带来以下益处：

——节约成本：早期就进行人因工程分析、设计和 V&V 活动可以通过确保设计适合最终用户来降低成本，并且随着设计的成熟和仪表与控制系统团队的加入，还可以降低重新设计、实施、维修和培训的成本。

——设计集成，人因工程项目管理计划：

- 与项目的其他主要利益相关者确定人因工程活动，并将其和必要的接口（例如与仪表与控制系统工程、电气工程、土木工程、V&V 团队、监管机构）相结合；
- 确定整个项目生命周期中人因工程活动的关键阶段；
- 确定此过程的关键输入和输出以及它们与整个工程计划的关系。

——与终端视野整合：人因工程通过指明所需的人因工程活动和输出，概括了整个项目生命周期所需制定或实现计划的终端视野所需的必要步骤。

根据工程项目的规模和范围，人因工程计划可能需要随着项目的成熟而更新，以确保输入、活动和输出与项目的其余部分保持一致。

认识到开发人因工程计划是一项需要许多利益相关者协作的活动十分重要。有必要在定义需求规范的开始阶段就引入所有利益相关者，以推进人因工程计划的定义。

例如，对于主控室修改，需求开发团队需要囊括工程、设计、操纵员、人因工程、培训师、程序编写者、维修、管理和任何其他会受到修改影响的人员。包括解决以下问题的团队成员：

——在需求制定的开始阶段需要所有利益相关者的深思熟虑，以尽量减少在改进措施的开发和实施时产生与需求相关的问题；

——可施工性考虑以预测安装问题；

——快速解决项目执行期间可能出现的问题（特别是如果所有工程团队都了解彼此的责任以及彼此在分析和解决方面的预期）。

这种团队方法将解决上述大多数问题，并增加按时、按预算交付修改的可能性。最重要的是，该方法可以满足所有利益相关者的期望。

对于新建电厂，设计修改中描述的考虑相同因素同样适用（即供应商需要团队合作并且需要实际共同参与）。有实际参与的供应商团队也有利于大型、复杂和/或高风险的现代化项目，以确保及时投入公用事业并确保充分理解要求和提议的设计，以减少意外和增加成本的可能性。无论工程阶段或团队的组成如何，人因工程团队从一开始就被视为设计团队的一部分，而不仅仅是作为已完成设计的评估者时，人因工程的投入是最有效的。

4.3.3 人因工程项目管理计划内容

人因工程计划必须满足终端视野的需求，并且活动、输入和输出必须适用于指定于项目。因此，一个大型的新建项目需要人因工程计划涵盖从概念到运行的整个项目范围，并且需要考虑项目在整个设计生命周期中将如何与其他利益相关者互动。另一种情况是升级工程项目现有设备的范围较小，并且可能具有较少的接口、利益相关者、输入、活动和输出。

第 5 章

设计基准

5.1 通用

《核电厂仪表和控制系统设计》第 3. 11 节指出：“设计基准确定了整个仪表与控制系统（I&C）及每个独立仪表与控制系统的功能、条件和要求。然后使用这些信息对功能进行分类，并将它们分配给适当安全等级的系统”。

因此，需要开展工作以定义构成仪表与控制系统和人机交互界面的高层次需求。人因与本阶段项目的结合是重要的，以保证：一是在项目的早期适当考虑人因工程，二是在适当时间能够识别出支持本阶段所需的人因工程活动。许多国家为遵守人因工程而立法，这些要求必须在本阶段确定。

人因工程相关的仪表与控制系统要求涉及两个层次的设计基准可参照《核电厂仪表和控制系统设计》所述予以考虑：

（1）总体设计基准，指定总体仪表与控制系统构架和适用于该架构的要求，以及适用于所有或特定类型的仪表与控制系统（例如数字化仪表与控制系统或安全相关的仪表与控制系统）和移动数字设备的一般要求；

（2）每个独立系统的设计基准，以及只适用于该系统的更具体要求。

5.2 需求的识别和文档化

不同的项目对人因工程有不同的需求。一些项目可能严重依赖人因工程，而另一些项目可能不是。在项目的这个阶段，有必要确定项目是否会从高水平人因工程要求的发展中获益，或者人因工程是否能为一般高水平要求的发展提供有价值的输入。可使用不同的资料来源确定各项需求，其中包括：

——公用事业/电厂参考资料，其中电厂设计及运行要求可被识别，包括具体的用户要求；

——人因工程和人机交互界面领域的参考资料（标准）；

——人机交互界面平台及设备的参考资料（一般由行业供应商提供）；

——监管许可的参考资料（可识别的安全性和人因要求）。

工程项目的范围（例如新建或设计修改）可以确定相关要求的集合，但在所有情况下，相关确定需要遵循严格和系统的方法。由于需求可能来自不同的来源，除非对它们进行适当的跟踪，否则很难识别它们的起源。需求跟踪矩阵是一种合适的方法，用以：

——记录需求；

——提供唯一标识；

——描述需求；

——引用信息来源；

——描述需求如何或已经被满足；

——引用论证可行性的证据。

5.3　人机交互界面功能需求

在设计基准阶段，必须对电厂构筑物、系统、设备、人员的安全功能进行系统配置。在项目的这个阶段，有可能以安全要求为基准，开始确定项目的高水平人因工程要求。

同时，作为设计过程的一部分，需要确定所需的仪表与控制系统。在这一阶段，仪表与控制系统将被识别并与安全功能要求相匹配。

仪控设备的功能需要能提供与第 4.2 节所述的不同电厂状态相关的信息和控制能力，并适用于正在考虑的工程项目。

人机交互界面设计需要通过包含以下元素来满足核电厂的纵深防御概念：

——防止偏离正常运行；

——对故障进行检测和控制，以应对和缓解异常工况；

——控制事故在核电厂运行的设计基准以内；

——控制事故后果在设计扩展工况以内；

——减轻事故的放射性后果。

5.4 人机交互界面安全要求

设计基准需要一个合适的仪表与控制系统解决方案，并满足最终愿景中设定的需求。通常，仪表与控制系统在测量核电厂运行相关参数变量方面扮演着重要的角色，人机交互界面安全要求在指定这些角色方面具有重要的作用。确保人因工程专家参与制定这些要求是重要的，以便能够适当识别出仪控设备需要考虑的人因工程方面。

5.4.1 规范和标准

设计基准将确定人机交互界面所遵从的仪表与控制系统和人因工程标准。从这个角度来看，可以考虑国际原子能机构导则、IEC 工业标准或其他工业标准。《核电厂仪表和控制系统设计》和《核电厂设计中的人因工程》提供了国际上的仪表与控制系统和人因工程标准的参考文献。

5.4.2 安全分级

人机交互界面的功能和设备的功能分类、安全分级必须与它们所处的仪表与控制系统功能和设备的分类和分级相匹配。人机交互界面设备的认证需要按照安全分级进行规划和实施。

从人因工程的角度来看，人机交互界面需要在整个仪表与控制系统中尽可能保持一致。基于人机交互界面设计和人因工程任务的复杂性，可以向目标用户提供一些关于人机交互界面设计中人因工程活动的分级方法建议（例如，人机交互界面组件的微小替代可能不需要开展功能分析）。

5.4.3 安全要求

为确保满足安全功能要求，设计必须提供合适且令人满意的人机交互界面。人因工程在成功实现设计中的安全功能要求中的作用是不可低估的。

根据项目实施国家的监管环境，与人机交互界面有关的安全要求需要被识别、规定，并纳入任何工程项目的设计基准。

如果没有相关的安全法规要求，可考虑参考项目供应商原产国的相关要求。

《IAEA 核电厂安全设计》（第 1 版）考虑了如下事项的相关性：

——设计中的安全性；

——基本安全功能；

——设计中的辐射防护；

——纵深防御的应用。

国际原子能机构识别出了保证核设施安全的三种基本安全功能（参见《核电厂仪表和控制系统设计》和《IAEA 核电厂安全设计》）：

（1）反应性控制；

（2）从反应堆或燃料库排出热量；

（3）限制放射性材料，屏蔽辐射，控制有计划的放射性释放，以及限制意外的放射性释放。

① 设计中的纵深防御策略。

纵深防御的应用包括数个层级的防护，既包括了不可控释放的防止，又包括有助于屏障的相关设计。防御水平应尽可能彼此独立。

② 单一故障准则的应用。

单一故障准则适用于每个安全系统、每个安全系列以及相关的人机交互界面系统。

③ 多样性。

为了避免共因失效，通常采用多样性措施。例如，非计算机化的备份控制手段（指示器、按钮、报警等）可作为计算机化工作站的备份，纸质程序可作为电子程序的备份。

④ 优先级控制。

一个执行机构可能接受来自多个系统的指令，例如正常过程控制系统、反应堆保护系统、多样化驱动系统、手动停堆系统；在这种情况下，需要一个优先级逻辑，以确保来自低安全级的不正确数据不会阻碍安全功能的执行。

⑤ 可居留性要求。

主控室及其他场所的可居留性要求，需要包含在仪表与控制系统和人机交互界面设计者对其他设计规程的要求中。例如，在事故或火灾的情况下，必须确定如何维修员工的安全，以及如何规划疏散路线。

此外，需要指定在每个地点允许和禁止活动的条件和规程，例如，主控室之间的切换。

5.5 支持仪表与控制系统设计基准的基于分析的人因工程要求

来自人因工程分析的要求推动了仪表与控制系统设计基准的文档化和论证（《核电厂仪表和控制系统设计》）。提供包括人因工程要求在内的每个要求的来源和基本原理，有助于验证和确认（V&V），以及使考虑的全部设计基准要求具有可追溯性。以下人因工程活动将在仪表与控制系统设计基准发展的背景下进行描述，并在第六章中进行深入讨论。

① 操作经验复查。

操作经验复查的目的是专注于适用的工程项目的技术、运行和维修经验。这一活动通常与最终愿景的发展相联系。关于仪表与控制系统的操作经验复查的指导信息示例包括：

——失效组件的类型（及其失效模式）以及那些非常可靠的组件；

——对人为表现有负面影响的原厂人机交互界面；

——考虑的人机交互界面技术或影响人机交互界面的仪表与控制系统技术；

——导致操作问题和保证可靠操作的系统设计解决方案。

② 人因工程分析——功能分析和分配。

在开发仪表与控制系统设计基准中，识别安全功能并给仪表与控制系统分配功能是重要的活动。对人因工程，识别人员的角色和信息需求，以实现系统功能目标，同样是重要的分析活动。通过提供“什么”是要做/操作的问题答案，同时定义仪表与控制系统的自动化程度，人因工程功能分析和分配与计划的仪表与控制系统有了详细的联系。仪表与控制系统输入的示例可以识别出仪表与控制系统设计中未考虑到的新功能，或识别出仪表与控制系统组件在设计中的定位，以提高其功能或识别出新的仪表与控制系统组件。

③ 人因工程分析——任务分析。

虽然不是所有任务分析都会在仪表与控制系统设计基准开发前完成，但初步的任务分析将为关键人员如何执行任务的整体策略提供有价值的输入。在功能分析中，该分析与计划的仪表与控制系统、工作人员要完成的任务以及针对每个任务使用的特定人机交互界面技术有详细的联系。这一分析将回答仪表与控制系统如何及何时运作的问题。这种联系可以通过两种方式加以利用，从任务角度确认仪表与控制系统设计或重新定义仪表与控制系统设计。

④ 人因工程分析——人员配备和资格。

需要进行人员配备和资格分析，以完成任务分析，并确定将执行任务的具体人员或机组人员以及执行这些任务的必要资格。对于仪表与控制系统设计基准，在仪表与控制系统架构的开发中需要考虑的是，谁有权力和必要的资格来执行某些任务，以及这些用户在哪里可能需要访问人机交互界面技术。

⑤ 人因工程分析——处理重要的人工任务。

在开展人机交互界面设计前，必须对安全分析报告中确定的重要人工任务、多样性和纵深防御分析、运行经验反馈或任何重要参考进行分析，以便在设计人机交互界面时将安全重要任务中的人为失误降至最低。此外，对于重要的人工任务，设计基准必须考虑操纵员在执行这些任务时需要考虑的信息。必须确保这些信息显示在适当的位置，并具有必要的性能特征，以支持操纵员的行动。

5.6 考虑设计基准的人机交互界面设计原则

以下部分描述了两套原则，这两套原则在开发仪表与控制系统设计基准时通常没有得到充分讨论，因此在人机交互界面设计中通常不会出现：

（1）防错原则，提倡无错操作；

（2）支持态势感知和降低工作负荷的原则。

① 防错原则。

待开发的人机交互界面需要在不同的使用条件下防止人为失误。降低与人机交互界面的操作、维修、测试和检查相关的人为失误风险通常包括以下活动：

——人因原则和相关导则在人机交互界面/仪表与控制系统设计和改造中的广泛应用。（例如，使用附录中讨论的人机交互界面设计指南）

——针对风险重要的人员活动及相关人机交互界面的人因评价。风险重要的人员活动是指那些对核安全、辐射防护或放射性废物管理重要的活动。它们与安全功能的实现相关，例如，确保在特定事故条件下给蒸汽发生器补水。

附录提供了关于防人因失误原则的进一步指导。

② 支持态势感知和降低工作负荷的原则。

核电厂是一个由数以千计工艺设备组成的复杂系统，它们之间以复杂的方式相互作用和影响。操纵员通过人机交互界面与工艺系统进行远程交互。因此，关于人机交互界面支持了电厂中发生的所有重大事件的实际认识是很重要的。

在核电厂的教育、培训和实际工作中，每个操纵员形成了自己对核电厂的心理模型，它反映了核电厂的行为模式、设备技术和功能之间的关系、可能出现的状况以及管理这些状况的适当方法。重要的是，可以遵循的不同人机交互界面路径与操纵员的心理模型是一致的，并包括以下要素：

——人机交互界面组件的分类和分组（基于任务的显示）；

——使用模拟图表（工艺流程图显示）；

——广义信息的形成与表示（面向功能的显示）；

——信息可视化的生态学方法（生态学展示）；

——信息的多层表示（自适应显示）。

人机交互界面需要设计成降低认知工作负荷。可以使用数字或模拟可视化技术，但它们会以不同方式影响操纵员的工作负荷：

——数字化技术的优点是将信息集中在屏幕上，不需要移动或从远处看即可得到详细的信息，同时可以灵活地包含更多的信息，更容易更改。约束是，不是所有与引导任务相关的信息都可以在一个视图中显示。

——模拟技术擅长于以一种空间连续可见的方式，一目了然地显示信息。通常对所包含信息的修改愈发不便，这与硬连线仪表与控制系统的使用是一致的。

5.7 主控室及人机交互界面操作要求的特殊考虑

主控室和人机交互界面操作要求通常是工艺工程师的输入，其需要包括新建造或设计变更的人机交互界面所需的主要特性。这些人机交互界面要求可以基于第 2 节中描述的最终愿景的具体特征。因此，这些要求的规范需要考虑到以下问题：

——操作的概念以及核电厂内的不同位置（例如，主控室的正常操作、就地控制站的特定动作、主控室不可用时使用的远程停堆站）；

——适用的厂外地点，如技术支助中心和应急响应中心；

——核电厂内不同位置的功能作用，这样就可以估计每个位置的要求；

——运行值，以及每个运行值在不同位置的操纵员数量；

——每个地点对工作站和人机交互界面故障的处理；

——设施的特点，考虑安装规划的整体房间尺寸、布局、面板和控制台的数量和尺寸、通道和照明；

——需要安装的仪表与控制系统的特点，其中包括每个系统内的系统和部件的数目、仪表与控制系统的类型（例如模拟或数字）、所需的仪表与控制系统性能特点、所需的仪表与控制系统可维修性特点、所需的连接、所需的电源、所需的操作温度和通风；

——需要考虑的一般人机交互界面特征（例如，规划的工作站、屏幕、布局、参与操作的人员、导航类型、规划的软件）；

——来自应用程序的其他特定需求。

第6章

支持仪表与控制系统开发的人因工程分析输出

6.1 简介

本节的目的是指导仪表与控制系统工程师在规划和设计中使用人因工程的标准化方法。人因工程的基本作用是拥护系统的使用者，为人机交互界面的形成提供通用和具体的指导，并促进仪表与控制系统的评价。人因工程分析过程提供了指导设计过程的必要输出。本文综述了人因工程分析的五个方面，包括操作经验复查、功能分析、任务分析、人员需求和重要的人员活动。

没有推荐的特定顺序，但应该理解，来自不同分析的信息可能会提供给其他分析。例如，来自功能分析的信息可能有助于定义任务分析中的人员活动，而任务分析可能有助于定义人员需求。开发实施人因工程分析的计划是很重要的，包括确定活动的计划顺序以及这些活动之间的相互作用和相关性（见第2.3节）。随着支持设计的人因工程分析信息的获取和发展，设计可能会被改进，这需要对原始分析进行修正。在完成本节中确定的每个类型的人因工程分析后，在适当的情况下，需要对之前的人因工程分析进行回顾，以确定任何适用的更新是适当的。

人因工程分析计划对于确保分析输出与仪表与控制系统活动同步尤为重要。人因工程分析的目标是提供能够塑造和改进仪表与控制系统的输出。为此，需要以及时和有用的方式提供信息。本节描述的方法可以应用于定义最终愿景部分的概念设计，以及基本的人机交互界面设计。唯一的区别是分析的细节层次。较不详细的分析可以帮助创建设计概念，而更详细的人因工程分析将在设计阶段对其完善和优化。

人因工程分析的输出为仪表与控制系统和项目设计团队提供如下输入：

——应避免的问题和设计选择（基于操作经验）；

——人机交互界面设计建议；

——界面设计变更；

——界面交互的要求；

——界面交互的变化；

——设计中潜在的人因失误陷阱；

——降低人因失误所需的变更；

——其他建议，如程序结构和内容，人员需求和资格。

设计团队可以以迭代的方式将这些设计输出整合到设计中，并在设计成熟时更彻底地处理它们。用于输入到仪表与控制系统设计的人因工程分析输出的示例可能包括：

——预期用户名单；

——每个用户的任务列表；

——与任务交互的系统列表；

——每个用户的预期使用频率；

——使用中支持防错的人机交互界面特征；

——人机之间的功能优化配置；

——相似系统的操作问题；

——所需的人员编制；

——所需的人员资格。

6.1.1 对现代化和升级的特殊考虑

作为这一过程的一部分，进行的人因工程分析将根据项目类型（例如新建或现有核电厂系统的现代化）而有所不同。如果以类似的方式复制现有功能（例如，将模拟信号升级为数字信号），则可能不需要执行新的分析。当仪表与控制系统现代化计划中提出了潜在重要的新功能或交互模式时，建议进行新的人因工程分析来评估新系统。有时，历史人因工程数据可能不存在（例如来自于已有电厂）。在这些情况下，可能需要从头开始进行所需的人因工程分析。现代化行动可能不需要人因工程分析的所有方面；这些取决于项目的需求。例如，引入新的涡轮控制系统可能会得益于操作经验复查，以确保现有的人因失误在新系统中得到缓解，但可能不需要进行详细的人员需求分析，因为预期的人员配置不会发生变化。人因工程的分级方法适用于现代化行动。人机交互界面的微小变化，例如，一个简单指标的更新，可能不需要开展详细的人因工程分析。然而，在对主控室进行变更之前，建议将修改后的仪控设备安装在核电厂模拟机中，以便对操纵员进行培训。

6.1.2 停堆的特殊考虑

停堆基于一个动态环境，在这个环境中，仪表与控制系统的实施模式会发生变化。

需要考虑仪表与控制系统的性能，包括系统校正频率、维修以及破坏的可能性（如在停运对构筑物和设备的物理影响）。在停运期间，常规工作发生了很大变化，因为新的工作方法和设备被引入了可能不是为此目的而设计的区域。这可能导致操纵员不得不使用不完整的系统，并可能更改系统功能。一个区域的停运可能会影响到其他区域。实际上，这可能意味着以前仪表与控制系统运行的清洁区现在受到污染，并且存在可能影响这些区域仪表与控制系统部件的可靠性和可操作性的灰尘颗粒，并带来健康危害。为了缓解这一问题，对仪表与控制系统周边区域停运活动的影响进行可操作性分析是至关重要的。

实际上，仪表与控制系统工程师需要考虑，当废物运输在可能靠近仪表与控制系统的路径上时，环境和/或辐射本底水平的变化将如何影响仪表与控制系统的响应。本节描述的分析可以帮助识别系统的相关变化，并确保系统设计反映当前的停运状态和相关危害。

6.1.3 人因工程分析在形成作业观念方面的适用性

作业观念文件（见 4.2.1.2 节）可以帮助形成设计，人因工程分析也可以细化和填充作业观念文件。对于全部设计活动，可能并不需要一个正式的作业观念文件，但是搭建一个通用作业观念文件（例如专注于系统最终用户）是有帮助的，这样可以确保人因工程分析的输出有助于优化仪表与控制系统的执行。

6.2 操作经验复查

操作经验复查对仪表与控制系统进行鉴定和评估，并识别与该系统运行有关的现有问题。操作经验复查向人因工程提供了从以往相关系统的经验中吸取的教训。操作经验复查的目标是在新设计中识别出应缓解的负面特征，并确定应保留的正面特征。

操作经验复查包括借鉴具有相同或相似系统、仪表与控制系统部件、人机交互界面接口的核电厂的相关经验，以解决当前设计或其他设计中存在的类似问题。操作经验复查可以使用不同类型的信息源。总的来说，其目的是审查文件和调查人员，以获得与现有人机交互界面问题相关的操作经验，并在设计中解决这些问题。仪表与控制系统工程师需要从该技术的可维修性、可靠性、功能、能力和性能方面了解运行经验复查。操作经验复查可以识别出失误陷阱甚至期望的特性。

对于仪表与控制系统工程师来说，除了仪表与控制系统设备问题外，确保操作经验复查在执行时充分关注人机交互界面的人因工程问题是至关重要的。

一般来说，操作经验复查流程包括以下步骤：

——第一步：操作经验数据收集；

——第二步：识别与仪表与控制系统有关的人因工程问题（例如位置、显示、控制）；

——第三步：分析和评价；

——第四步：操作经验复查跟踪和结论。

有许多不同的方法来进行操作经验复查。操作经验复查中人因工程问题可以通过不同的来源进行收集，如：

——回顾相关核电厂、类似社会技术系统及其相关仪表与控制系统和人机交互界面的操作经验；

——对已发表的行业公认的人因工程问题进行回顾；

——回顾与特定仪表与控制系统相关的行业和监管部门的事故报告和事件报告；

——回顾与拟采用的人机交互界面技术相关的操作经验；

——回顾核电厂设计中确定的重要仪表与控制系统人为行为。

对于仪表与控制系统中采用的新人机交互界面技术，由于其在核设施中没有太多的操作经验，必要时可研究借鉴其他行业的类似设计。

一般来说，操作经验复查包括数据库搜索、报告审查、人员访谈和实地考察。

6.2.1 数据库核查

根据仪表与控制系统项目的性质，数据库核查可以使用外部事件和运行数据库，如国际原子能机构（IAEA）、世界核电运行者协会（WANO）、美国核电运行学会（INPO）、美国核管理委员会（US NRC）、美国电力研究协会（EPRI）的数据库。快速的操作经验复查，如沸水堆营运组织（BWROG）、压水堆营运组织（PWROG）以及公用事业的操作经验复查，也可以进行核查。在可能的情况下，对核电厂内部数据库、纠正行动计划报告和受影响的仪表与控制系统人因失误的历史记录进行核查，可以帮助提供与操作经验复查有关的有用信息，这些信息可以直接影响工程项目的设计。对于现代化行动，查看内部历史数据可以证明在确定新设计中要缓解的人因工程系统性能问题方面具有特别有用的信息。查看学术研究文献中类似的行为或认知现象也可能是有用的，这也适用于正在核查的特定系统。确保数据库核查的全面性是重要的，以识别出尽可能多的操作经验复查。

6.2.2 报告审查

报告审查包括对报告的审阅，该报告可能是一份较早的人因工程报告，或者一份不专门关注人因工程和仪表与控制系统的报告，以获取与现有仪表与控制系统项目有关的对人因工程和仪表与控制系统有影响的信息。相关核电厂的特定报告和外部报告可能包括以下内容：

——NRC 通用函件、信息通告和其他行业报告；

——NRC 运行核电厂事件报告和通用安全问题；

——NRC 执照事件报告；

——INPO 核电厂事件报告；

——WANO 事件报告；

——国际原子能机构运行经验报告/事件报告系统；

——其他行业和监管机构的参考文献；

——之前项目操作经验复查；

——事故/事件调查；

——在概念设计过程中制定的设计方案和其他报告；

——根本原因和明显原因报告。

6.2.3 人员访谈

回顾操作经验可以向设计人员提供关于最终用户在当前或类似的仪表与控制系统组件或系统上执行任务的信息。观察演练（即操纵员操作设备或现有人员进行相关活动的培训）也是有帮助的。对最终用户或资深教员进行人员访谈，有助于识别人因工程问题、提高效率、发现用户偏好，这是在新的仪表与控制系统/组件设计时可以考虑的最佳做法。

首先，人机交互界面设计师需要确定谁是合适的受访者。采访现有系统的最终用户是有用的，但相似系统的使用者同样可以提供优秀的见解。这些使用者可能包括运行、维修人员或其他用户，这具体取决于仪表与控制系统团队。需要注意的是，对于尚未建成的核电厂，与有经验的人员进行面谈是不可能的。在这种情况下，与其他现有核设施的人员或与熟悉类似设施的人员进行面谈是合适的。

分配到这个项目的设计师或系统工程师，尽管可能是很好的信息来源，除特殊情况通常不适合进行访谈，除非他们有直接的实践经验或缺少其他适合访谈的人员。

电子邮件问卷可以提供有用的信息，但往往会错过调查特定领域的机会，这些领域在问卷创建时可能没有预料到（但可能已经在面对面的访谈中确定）。电子邮件调查问卷需要留下跟踪的可能性，以澄清要点和更详细地调查一个主题。

一般来说，采访者会记下所有受访者的工作职位和相关工作经验。根据仪表与控制系统项目的性质，年龄、性别、用手习惯和视力缺陷（如色盲）也应适当的加以注明。核电厂人员的样本需要从整体上代表现有的或目标的电厂员工情况。在需要特定用户输入的情况下，如果核电厂人员了解具体的工作流程，则应适当增大对该人群的取样比例。

在某些情况下，仪表与控制系统和人因工程设计团队希望在核电厂人员陪同下到现场进行活动。在这种活动中，团队将进行操作经验复查访谈和任务问询，以获得对系统的理解，并允许用户提供附加信息，以针对组件或特定背景提出建议。此外，通过观察最终用户执行的任务，人机交互界面设计团队能够识别出用户已经适应的组件/系统存在的问题或变通方案，并在新的组件/系统设计中加以改进。

例如，可以考虑观察从传统控制迁移到软控制的可能性。该活动探究的行为（通过模拟演练、实地观察和其他知识启发方法），是用户培训和人机交互界面互动的重要组成部分。通常，还有一种看法认为，当从传统控制迁移到软控制，需要进行一对一迁移，这样软控制最终看起来会像传统的控制，其很少考虑如何整合信息和控制更好的与其他功能或任务相关的信息。另一方面，需要考虑用户如何与传统的显示或控制进行交互。对于仪表与控制系统工程师来说，这可能被认为是一个简单的单一动作，但实际上它可能更复杂；需要注意的是，传统控制方法的优点不能被移除或取代。传统的方式包括以下两个关键优势，如果不与现有系统的用户一起完成，这些优势可能会被忽略：

（1）定位：操作人员在执行操作前，可以将手放在要使用的控制装置上或悬停在其上方，并在启动控制装置前检查相关指示。这些活动可能是不合适的，例如，对于一个不能轻易区分悬停和点击激活的触摸屏。

（2）标记：临时的物理标记（例如纸标记或磁性标记）有时用于识别操纵员在操作过程中某些重要的指示和控制。虚拟标志可能不会在初始的仪表与控制系统规范中考虑，因为它们不是控制板的文档要求。要实现虚拟标志，需要专门的开发工作。

与最终用户进行操作经验复查讨论的一些典型问题可能包括以下内容：

——通用：

- 你做主控室/现场操纵员或维修工（或其他职位）有多少年？
- 你能简要描述一下你必须在系统上执行的一些任务吗？
- 系统/界面中有哪些内容是你不想失去的？
- 你对系统/界面有什么不满意的地方？你想改变什么？
- 系统/界面中没有的特性，你希望开发哪些？

——操作：

- 谁负责操作系统、接口、接口的一部分？
- 监控系统状态是否有问题（如仪表精度、报警、显示、位置）？
- 系统/界面控制、控制动作、显示或故障排除方面有什么问题吗？
- 信号是否足以检测故障和系统状态的变化？
- 手动操作有什么问题吗？
- 在这个系统上工作时，是否有任何接口或接口交互问题？
- 你是否有足够的时间来执行所需的行动？

● 在使用系统时是否有过异常或特殊的经历。

——维修和试验：

● 仪表与控制系统设备的物理布局是否有利于执行维修任务？

● 在维修或现场操作期间，试验功能（如试验地点、执行人员、反馈）是否存在问题？

● 维修人员之间的组件试验有什么问题吗？

● 是否存在与系统维修相关的问题（如频率、通道、隔离）或对特殊工具的需求（如诊断计算机、控制台或新技术）？

在某些情况下，这些访谈问题可能与任务分析的数据收集相结合。上面的例子只是提供参考，相关问题需要针对具体的项目进行调整。同时，这样的问题可能无法引出基于实践的知识，这可能不容易为许多最终用户阐明。除了与培训相关的正式知识外，附加的和后续的问题可以帮助从实践中引出经验。

在所有以用户为中心的设计活动中，衡量用户的愿望和需求是很重要的。操作经验复查可能会揭示核电厂人员无法实施的具体设计理念。接受操作经验复查访谈的核电厂人员可能不是设计专家，包括主动提出的设计想法在内的设计建议必须与实际系统性能分离。例如，如果主控室的操纵员提供了一个特定屏幕功能的建议，那么找出他或她为什么喜欢这个功能是很重要的。如果目的是解决现有设计中的缺陷，那么注意设计问题是很重要的。操纵员提供的具体设计建议是需要考虑的许多可能的解决方案之一。重要的是，要认识到操作经验复查过程的重点是识别人机交互界面问题，该过程的输出可以用于指导设计过程。

6.2.4 人因工程向仪表与控制系统输出的操作经验复查

操作经验复查确定了需要在设计中解决的与仪表与控制系统相关的理想特性和人机交互界面问题。操作经验复查的结果可以被筛选出来，以提供一个结果和建议的简明列表（适用时详细分析）和优先级（根据它们与安全性、操作和重现的相关性）。该活动与最终愿景、设计要求和其他人因工程分析相关。总的来说，操作经验复查的结果可以按如下构成：

——结果分析（选择适用于核查目标的结果）；

——结果优先级；

——对人因工程，仪表与控制系统和其他工程科（例如过程工程）的建议。

然而，来自操作经验复查的建议是设计的前提，该建议只有在设计阶段实操容易出错的功能时才会成为真正的问题。

6.2.5 利用试验数据

对于某些新颖的或首创的技术，可能没有太多的科学研究支持其适当性。对于传统的模拟仪表与控制系统，有大量的试验和经验数据支持基于面板的人机交互界面的使用。然而，基于屏幕或混合设计（如触摸屏）可能不存在类似的数据体，其他行业的操作经验表明，基于屏幕的仪表与控制系统是事故的肇因。

在此基础上，设计师在实施先进的仪表与控制系统人机交互界面解决方案时必须谨慎，因为几乎没有证据支持设计的人机交互界面要素。建议尽早对接口解决方案进行全面的评估和审查，并建立一系列证据，证明系统在所有正常和故障情况下都能按预期运行。例如，我们都知道自动化的边界故障很难从几乎没有响应时间的地方恢复过来。试验结果可能会得出这样的结论，在几乎没有时间进行恢复的情况下，考虑到由此产生的故障，将该功能分配给操纵员是不可行的。

6.3 功能分析

功能分析的目的是：

——定义实现核电厂目标所需的功能（例如，发电和确保核电厂安全）。

——根据每个人能做得更好的地方，将之前确定的功能分配给人，或分配给机器，或两者都分配。因此，在流程开始时，已识别的功能不会区分哪些是手动的，哪些是自动的。相反，这种差异化将在功能分配过程的末尾实现。

功能分析不会局限于核电厂的整体功能，也可以应用于系统或组件级别的较低层次的目标。功能分析包括两个主要步骤：

（1）功能需求分析（FRA）过程；

（2）功能分配过程。

功能需求分析识别和确定系统必须在有或没有操作人员的情况下执行的那些功能。基于层次分解，可以为新的设计开发一个功能需求分析，其中核电厂目标被分解为高级电厂功能和低级别细节，如系统和组件功能。对于设计变更，此分析的范围通常为可能发生更改（如果有的话）的功能。现有的核电厂传统上可能没有基于功能需求分析获得许可；因此，一个经过修改的系统可能仍然需要一个完整的功能需求分析。

6.3.1 功能需求分析方法

功能需求分析的目的是系统地分析和确定核电厂的基本功能。

通常，作为起点，功能需求分析使用电厂系统的系统设计描述，其中描述了系统功能，并确定了系统组件和参数。可以使用其他的仪表与控制系统技术信息，如逻辑图、电源、管道和仪表图。

功能需求分析的目标是将仪表与控制系统与人因工程分析结合起来，它在整合仪表与控制系统与人因工程方面发挥着重要作用。

在进行功能需求分析时，确定系统功能是很重要的。每个功能可以进一步细分为各个进程，在这些进程中，电厂系统组件涉及一个特定的功能。分析中需要识别实现功能所需的功能/过程需求，包括参数（即功能需求/过程的演变）、控制和支持需求。

从核电厂角度分析的功能可能是实质性的，可以开发一个筛选过程来分析那些对核电厂操作更有代表性的功能。功能需求分析结果可能因不同的电厂运行模式而不同。

例如，核电厂保护系统可能包括以下功能：

——反应堆和燃料保护；

——设备保护；

——消防；

——安全驱动；

——辐射监测；

——地震监测。

在一个典型的核电厂中，这些功能将由独立的系统来处理（尽管这些系统不一定是多样的）。仪表与控制系统工程师将为这些功能确定最佳的硬件和软件系统。当此类系统涉及与操作人员的接口时，人因工程师将提供最佳的人机交互界面输入，以支持这些功能。

表 6-1 给出了功能需求分析工作表的一个示例。可对此表进行修改以满足项目需要，就功能需求分析的注意事项类型及其对人机交互界面性能可能产生的影响而言，其提供了一个良好的起点。

表 6-1　功能需求工作表示例

编号	功能需求	控制功能的识别				控制功能的性能特点						
		控制要求	控制行为	控制参数	验证参数	工作负荷	时间限制	精确度	可重复性	复杂度	评价方法	故障影响

6.3.2　将功能分配给人工和/或机器的方法

在功能需求分析完成后，功能分析的下一步是功能分配。需要根据如何执行这些活动来进一步分析以前确定的功能。功能分配的目的是确定哪些功能应该自动执行，哪些功能应该手动执行。自动化可能有两种形式：

（1）控制自动化，涉及系统自动执行任务；

（2）信息自动化，涉及系统自动收集信息。

核电厂的功能必须被监控、理解、计划和分配，这反映了控制和信息自动化的作用。必须对每个功能进行分析，以确定下列问题：

——执行该功能是否需要自动化；

——自动化是否是执行功能的最佳方式；

——人工是否适合执行该功能；

——人工是否最适合执行该功能；

——自动化和人工是否应共享活动。

人类和机器都有特定的能力和限制，在分配功能时了解这些能力和限制很有用。这个信息一个好的来源可以在 Ref.［10］中找到。值得注意的是，虽然人类的能力和局限在很大程度上保持不变，但机器的能力和局限在不断改进和变化。认识到这一事实对于确保将最新的信息应用于设计非常重要。一般来说，人类在重复或单调的任务上不如机器，比如连续监控；然而，重要的是不要将操作人员排除在系统监视活动之外，以便他们能够保持对系统状态的最新感知。在面对核电厂故障时，如果提供足够的信息和恢复活动，人类往往会比自动化更擅长做决策。

在一般意义上，自动化不是全有，也不是全无，功能分配还将决定不同的背景，以及对每个背景适合的自动化级别。有些技术允许根据需要在不同的自主级别之间进行切换。例如，在需要操纵员高度监控的任务期间，核电厂自动化系统可能需要提供额外的视觉信息。

人工和自动化之间共享的功能越来越多，这种共享功能的程度和特征需要得到更好的定义，还需要在一个范围内考虑共享的程度。自动化的水平可能不是固定的，可能会适应特定的环境。此外，在不同的核电厂状态下，相同的功能可能具有不同的自动化程度。

以下事项改编自《核电厂自动化设计和使用指南》（EPRI TR-1011851），需要考虑作为功能分配的一部分：

——相关系统的数字和模拟硬件考虑：确定系统应该是数字的还是模拟的，并考虑这对手动操作性能和自动化因素的影响。

——必需的自动化检查表：确定哪些功能需要自动化。这些功能可能具有较高的人因失误率和严重的错误后果。这些功能可能具有以下特点：

- 手动执行该功能会引起健康或安全方面的担忧。
- 这个功能必须能够非常迅速地执行。
- 该功能要求的精确度超出了人类的能力。
- 该功能对人员可靠性的要求高于可用性。人员可靠性可以通过人员可靠性分析

(HRA) 方法来确定。

——理想的自动化检查表：确定哪些功能可以从自动化中受益。虽然人类可以执行这些任务，但他们做得不好，而且可能容易出错，即使这些错误没有严重的后果。这些功能可能具有以下特点：

- 该功能很复杂，且计算机更容易执行；
- 该功能需要许多重复的操作，操作人员可能会感到疲劳或无聊；
- 该功能产生了较高的认知工作负荷；
- 该功能会造成长时间的无聊；
- 该功能会造成高体力负荷或疲劳；
- 该功能如果不是自动的，会干扰了其他（手动）功能的性能；
- 如果实现自动化，该功能可以更有效地执行（如更快）；
- 如果实现自动化，该功能可以减少人员配备。

——必需的人工自动化清单：确定哪些功能需要手动执行。在这种情况下，人员可靠性超过自动化的可靠性。这些功能可能具有以下特点：

- 该功能是人员的核心职责（例如与现场工作人员沟通）；
- 自动响应是困难的（例如，在控制逻辑中对功能建模具有挑战性）；
- 人员必须保持"在消息圈内"（例如，需要操作人员接管控制，或需要操作人员保持警惕和态势感知）；
- 如果任务自动化能力丢失，工作人员必须保留相关技能。

6.3.3 功能分析向仪表与控制系统的输出

功能分析输出将导向自动功能列表、手动功能列表和自动/手动组合功能列表。它还可以指明在评估不同功能的状态时哪些信息是操作人员需要的。

在规划阶段需要考虑问题跟踪系统，以确保考虑到分析的结果，并在适当时记录下来。在某些情况下，为处理功能分析的输出而对系统进行的变更可能需要参与正式的项目过程，例如工程变更申请。在其他情况下，当在设计阶段早期执行分析时，来自功能分析的信息会在规范最终确定之前对其进行影响。工程变更申请的例子包括：

——识别最初未规划的新功能；

——为确保最佳的功能性能，变更核电厂内仪表与控制系统部件的位置；

——改变手动和自动操作的仪表与控制系统部件类型的建议。

6.4 任务分析

6.4.1 基本方法

任务分析是人因专家使用的一种方法，用于对用户在给定环境中为实现目标而采取行动时发生的人-系统交互提供逻辑描述。分析还探讨了他们如何执行任务和实现计划目标。

任务分析可以为仪表与控制系统工程师提供有用的设计输入，以确定以下事项：

——人与系统的互动点；

——在执行一项任务时所执行的动作顺序；

——那些容易出错的任务以及建议的设计改进；

——潜在的人因失误；

——特定任务中的信息需求。

一般的人因工程实践将任务分析置于人因工程规划结束和人机交互界面设计开始之间。然而，基于早期设计阶段可获得的设计信息的成熟度，对任务分析结果的反复核查对于后续的人因工程过程是适当的。特别是，人因工程验证与确认阶段和设计实现阶段可以提供关于人为表现问题的重要反馈。根据对人因工程验证与确认和设计实施结果的评估，必要时对任务分析进行核实和修改。

任务分析数据是任务验证过程的一个基本输入，通过这个过程，仪表与控制系统将根据用户的需求进行验证。例如，如果一个系统的操作人员需要访问特定的信息屏幕或特定的控件，任务分析将向仪表与控制系统工程师确认这一需求，以确保系统的这些功能在该任务期间可用。任务分析数据也可用于支持在人员可靠性分析中量化人因失误。

任务分析需要适合于仪表与控制系统项目，通常必须代表核电厂的所有模式，包括启动、正常运行、低功率和停堆状态、瞬态、异常状态、紧急状态和严重事故状态。

任务分析可以将系统功能分解为组成的人工任务和子任务，借以代表一组针对特定目标的操作。如果需要，可以将任务分解为越来越低层级的子任务。为了避免不必要的细节和分解，可以建立筛选准则来选择任务进行分析，并设置“终止规则”来确定任务分解需要深入到什么程度。分析所需的任务包括可能影响核电厂运行、性能和安全的重要任务。

功能需求分析规定了核电厂主要功能的手动/自动分配，并反过来支持安全和发电目标。任务分析还包括分配给人工的手动任务，以及分配给自动化的监测或监督任务。

因此，任务分析通常标识任务之间的关系（即任务按顺序进行或并行，或作为其他任务的前提条件）、完成任务的时间估计、每个任务所需的人数和具体执行者、执行任务所需的知识和能力。

任务分析的一般过程包括以下几个步骤：

——第一步：指定范围（即要考虑的任务）。

——第二步：建立筛选方法和准则。

——第三步：确定需要分析的任务。

——第四步：选择适用的任务分析方法并进行分析。

范围根据项目的不同而变化。一旦确定了需要分析的任务，任务分析通常从高层次的核查开始，例如将关键功能分解为任务。这些任务基本上确定了操作人员需要做什么。任务分析可以采用各种方法来描述更多层次的任务细节，如操作顺序/时间轴分析，认知工作分析或层次任务分析，以确定哪些人机交互界面清单和任务支持功能、核电厂诊断和工作场所是必需的，以及需要什么工作量、态势感知和其他影响表现的因素。

在优化核电厂的情况下，匹配和差距分析通常被执行，以确定新的要分析的范围和目标。场景和评估基准可以在设计的早期阶段确定。操作程序（如果可用）可以指导许多任务分析活动，因为程序代表了操作的形式化任务列表，本质上是一种文档化的任务分析类型。

对于新建核电厂，分析可以从相对不完整的信息开始，可能需要对人机交互界面做出具体的假设。方案可以从初步的核电厂设计资料中获得。当设计信息更新、假设改变或不同阶段的设计完成时，可能需要迭代方法任务分析。

后续的分析和人机交互界面设计将使用任务分析的结果和假设，并进一步调查和实现设计（即建立设计规范）。例如，任务分析提供了任务执行的位置，同时考虑了工作环境和潜在的危险。在最终设计确定之前，可以进行选择人机交互界面设计方案的适用性分析，以确定首选的人机交互界面设计方案。

根据项目的性质及其实现方式，实现问题的审查可以采取多种形式。在实施阶段对正在执行的任务进行原始的任务分析，或者作为已经完成的人因工程审查的一部分执行的任务分析的编辑/调整版本，是对实施问题进行审查的常见方法。

可考虑以下具体方面，以审查实施问题：

——分析人员是否认为安装活动有可能分散或扰乱运行或维修活动，从而导致或增加不可接受错误的可能性；

——在实施阶段是否存在人因工程审查的任务，分析部分未审查的独特操作或维修活动；

——分析人员是否认为预期的实现策略可能增加不可接受的人因失误的可能性。

在详细设计结束之前进行实施审查是有用的。这确保了人因工程的建议在实施之前可以被理解（并在实施期间解决）。

6.4.2 区域可操作性和影响分析

可操作性和影响分析是一种任务分析，用于评估在系统实施的领域中人机交互界面对人为表现的影响。对于新设计，分析的目的是确定设备的可达性以及同一地点的系统对这些系统用户的影响。在设计变更和升级过程中，区域可操作性和影响分析可以考虑以下变化：

——改变附近或连接的构筑物、系统和部件（如显示器、控制装置、维修点和测试点）的人机交互界面可达性；

——由于环境噪声、照明、振动、热量等的变化而引起的附近人机交互界面的可用性变化；

——改变在该区域移动的人员和设备的能力。

为解决上述与正常运行活动、异常运行、维修活动、测试活动和应急情况相关的问题，需要进行区域可操作性和影响分析。其考虑了设备安装的位置，以及可能受到新组件或系统安装影响的周围区域。其还决定设备是否影响其安装的区域（例如，其是否妨碍交流；影响周边设备的维修或运行；增加或增长环境问题，如热量、噪声或空间约束）。

这项分析包括审查正在安装的设备部件周围区域的平面图。注意其他设备的通道，包括通道门的悬挂灯、用户或维修人员的站立位置以及设备和人员通过该区域的主要通道。根据仪表与控制系统的性质也可能要求对地形图进行审查，以注意正在安装的设备是否会影响区域的照明或附近显示器的视线。

6.4.3 任务分析向仪表与控制系统的输出

任务分析输出为设计师提供有关用户任务的关键信息，这些信息驱动着界面设计、根据人机交互界面设计执行任务的可用性和可行性。其告知设计者操作人员执行什么任务（以及他们是如何执行的），以及操作人员完成这些任务需要什么支持（例如操作人员辅助设备、报警、指示器或额外的人员）。总的来说，其提供了推动仪表与控制系统最初设计、随后的变更或修改，以及仪表与控制系统如何使用的建议。

作为分析的输出，仪表与控制系统工程师收到以下信息：

——相关任务的场景列表（如果它们可以并行完成或需要更多人员）；

——所需的报警、控制、指示和其他接口部件的清单；

——场景/任务时间限制。

6.5 人员配备与资质分析

人员配备与资质分析的主要目的是确定谁将执行任务分析中为核电厂运行确定的任务，以及完成这些任务所需的资格。其他可能需要的输入是作业观念（见 4.2.1.2 节）、监管要求以及适用于此活动的操作经验。

如《核电厂设计中的人因工程》所述，该分析涵盖的工作人员可包括运行人员(即主控室人员和地操或现操)、服务支助小组以及应急准备和反应小组。通常，在人员配备与资质分析过程中可以考虑三步法：

——第一步：确定初步人员配备与资质要求；

——第二步：完成来自人因工程的细节作业后，修改初始人员配备与资质要求；

——第三步：完成人因工程程序后的最终人员配备与资质要求推荐。

6.5.1 初步人员配备与资质水平

初步人员配备水平可以根据以前或类似核电厂设计经验、初步分析和政府规定来确定。

例如，传统的主控室运行值由一个反应堆操纵员（负责核电厂一次侧)、一个汽轮机操纵员（负责核电厂二次侧)、一名值长（管理和监督操纵员和机组长）和一名机组长（负责值里和主控室以外的其他活动）组成。许多核电厂还包括一个安工（在不控制核电厂的情况下支持反应堆操纵员)。有时，命名和责任可能因核电厂类型或地理位置的不同而不同。

机组人员的资质水平可能会根据核电厂设计和国家资质要求而有所不同。运行核电厂的执照归属于反应堆操纵员（也称为反应堆操纵员许可证和反应堆高级操纵员许可证)。在一些设计中，还存在汽轮机操纵员许可证。

相关资质可以通过以下几种可能的方法确定，包括：

——根据之前设计的运行经验取得的资质，在培训方案已经存在的情况下，并可映射到待完成的具体任务；

——符合不同类型反应堆可获得的知识和能力目录且可映射到其活动范围内任务的资质；

——基于监管要求的资质；

——按照资质委员会（如 INPO）标准开展的培训；

——基于特定供应商培训计划的资质。

6.5.2 人员配备与资质水平的修改

与大多数人因工程分析一样，人员配备分析也是迭代的。在收集到有关设计和任务的更多资料后，可能会修改人员配备和资质要求。需要识别出将执行任务分析中定义的任务（即那些不是自动化的任务）的机组成员。开展人员配备分析的典型方法是遵循任务分析的输出。根据所采用的方法，任务分析输出可以提供：

——为完成系统功能而须完成的任务（通常分配给一名操纵员）；

——执行包括正常、异常、紧急和事故状态以及包括不同核电厂模式等情景的任务；

——由于角色和责任明确的冗余、不同任务与共享系统的连接以及由任务排序引起的相互依赖，这些核电厂的任务情景会影响到不止一个人。

典型的方法是将任务分配给那些在系统初始人员配备中已经确定的操纵员。

以下例子可能导致修改人员配备与资质水平：

——使用未计划的技术或新设计解决方案导致的人机交互界面设计问题，可能会影响规定的资质；

——验证与确认结果建议在执行特定任务时增加知识和能力。

在实施之前完成修改。在整个核电厂寿期中可能会有多次迭代。

6.5.3 人员配备与资质水平向仪表与控制系统的输出

人员配备与资质分析的输出结果可以用于确认仪表与控制系统的总体设计或从人因工程角度提出设计修改建议。其还可以用于识别影响仪表与控制系统的人因工程见解：

——识别可能需要额外操纵员的任务（例如需要增加使用接口人员的控制装置的重新布置，或需要单独操纵员的多个控制站）；

——最初没有计划的新功能，并需要操纵员监控或采取行动；

——识别从现有系统中删除的任务（例如通过增加自动化），从而大大减少现有工作人员的工作量；

——由于新增仪表与控制系统而改变现有系统的任务，导致所需人员资质的改变（例如将人机交互界面数字化，需要特定的电脑系统培训）；

——核电厂内仪表与控制系统组件位置的改变会导致操纵员活动位置的改变。

6.6 重要人工任务的处理

在整个人因工程分析阶段，需要识别出可能影响成功运行的人工活动或任务。例如，在任务分析中识别出的每个人工任务，都有可能出现破坏进程安全性的失误。

那些影响仪表与控制系统和核电厂安全的人工任务被认为是重要的人工任务。需要识别出这些重要的人工任务，以确保计划的人机交互界面设计将最小化人因失误的可能性或减轻任何发生的失误的影响。重要的人工任务可以通过概率安全评价及附加的人员可靠性分析（注5）识别出来，亦可通过诸如任务分析或人员配备与资质分析等其他方面的人因工程分析识别出来。风险重要的人工任务是那些可能增加堆芯损坏概率的任务。在人员可靠性分析中，风险重要的人工任务通常与核电厂状态或场景有关，在这些情况下，手动操作任务对核电厂组件的适当摆放是必要的，操纵员的失误可能会对核电厂的关键安全功能造成挑战。

（注5：国际原子能机构安全标准系列SSG-3《核电厂1级概率安全评价的发展与应用》提供了一种结构化的人员可靠性分析方法，用于识别不同类型的人机交互。人员可靠性分析包括，始发事件发生前发生的有可能导致安全相关系统或设备失效或不可用的人因失误（通常称为A类人机交互），可能导致始发事件的潜在的人因失误（B类人机交互），以及始发事件发生后核电厂操纵员需要执行的关键任务（C类人机交互）。）

一般来说，风险重要的人工任务与影响核电厂安全的硬件系统相关。在人员可靠性分析中，人因失误事件被定义为导致核电厂硬件系统或部件故障的人工任务。在缺乏正式的人员可靠性分析的情况下（可能无法为所有系统建模），对核电厂关键功能的理解和将人类活动与特定系统联系起来的任务分析为重要的人工任务提供了路线图。如果该系统对核电厂的安全以及与该系统的人机交互非常重要，那么人工任务对核电厂的整体风险来说可能非常重要。

当升级核电厂仪表与控制系统时，有机会增加或减少人因失误发生的可能。以下情况需要重新审查重要的人工任务（参见NUREG1764）：

——临时或永久性的核电厂变更，包括仪表与控制系统升级；

——临时或永久性的程序变更；

——临时或永久性的培训或资质变更；

——与仪表与控制系统相关的人工任务中的任何其他变更（例如环境或团队构成的变更）。

6.6.1 重要人工任务分析

一旦确定了重要的人工任务，就需要基于前面执行的任务分析确定与这些任务相关的仪表与控制系统和人机交互界面组件。需要分析计划中的仪表与控制系统和人机交互界面组件，以了解放置或更换的仪表与控制系统设备如何影响其执行重要人工任务的能力。需要回答的关键问题包括：

—仪表与控制系统能否影响异常事件响应或设计基准事故响应？

—仪表与控制系统是否会影响异常事件/设计基准事故中需要执行的响应序列？

—仪表与控制系统是否会影响执行任务所需的人工响应？

系统设计必须考虑以下几点：

—确保人员能够发现并从任何失误中恢复；

—确定仪表与控制系统设备是否影响执行相关任务所需的人员配备水平，从而影响最小运行值的定额；

—计算完成特定任务所需的步数和相关时间；

—确定通过新的仪表与控制系统或人机交互界面引入新型人因失误的可能性。

对人因失误的可能性进行量化是可取的。大多数人员可靠性分析方法允许量化人因失误概率，即使没有正式的全厂人员可靠性分析。这种对特定人工任务的筛选分析可以考虑行为形成因子，该因子会导致人因失误可能性的增加或减少。这些行为形成因子（如培训水平、程序质量、环境因素、任务复杂性或人机交互界面质量）为驱动程序的执行提供了答案，并提供了改善人工任务结果的具体方法。人员可靠性分析的量化可以帮助优先考虑那些可能影响核电厂安全的人因工程问题。其还有助于为人因失误概率制定验收准则。

6.6.2 重要人工任务向仪表与控制系统的输出

重要人工任务的人因工程分析的输出是已识别的重要人工任务的列表，其中包含用于解决潜在人因失误的人机交互界面解决方案。例如，将现有的仪表与控制系统组件替换为需要更少或更简单任务步骤来完成所需操作的不同组件。

尽管核电厂运行具有很高的人员可靠性，但在所有情况下完全防止人因失误是不可能的。因此，核电厂设计和仪表与控制系统需要通过最大限度地减少人因失误对重要活动和功能的影响来确保核电厂安全。此外，仪表与控制系统需要提供安全系统等的作用机制，以从人因失误中恢复或防止发生失误。

第 7 章

人机交互界面设计过程

7.1 背景

《核电厂仪表和控制系统设计》和《核电厂设计中的人因工程》提供了应考虑到的人机交互界面设计指南。这部分内容主要聚焦在人机交互界面设计过程及其与仪控架构设计、工艺设计、电厂系统设计、程序设计和培训计划开发的相互作用，以及如何解决人机交互界面设计的可能冲突。例如，仪控架构须设置多层独立纵深防御等级。但是，从人因工程角度来看，为每一层均设置独立多样的人机交互界面并不解决问题。此外，不同组织和国家在设计过程中也存在较大差异。

7.2 设计过程

人机交互界面设计过程，主要是明确人机交互界面的功能，细化每个子系统。人机交互界面设计需要考虑仪控架构规定的角色、功能和能力。人机交互界面系统还需要满足其他设计活动的具体要求，以便将其集成到电厂中实现安全和运行目标。

为顺利完成设计，通常采用系统研究法。图 7-1 为人机交互界面设计过程的一个典型的简化版流程，其中有将需求转换为人机交互界面设计参数的示例（如报警和使用的信息显示）和最终集成的人机交互界面组合接口（即操作层面和物理层面）。实际上，设计过程可以在图 7-1 中描述的各阶段进行多次复杂的迭代叠加。

（CBP—基于计算机的程序；HFE—人因工程；HSI—人机交互界面；I&C—仪表和控制）

如第四章所述，人机交互界面设计和操作理念是为最终需求而开发的。首先需要确定应用的具体要求。需求和设计输入需要考虑到人因分析的结果和建议（见第六章），例如主控室提供的控制和监测信息。仪控和人因工程团队需要对其他学科的特殊

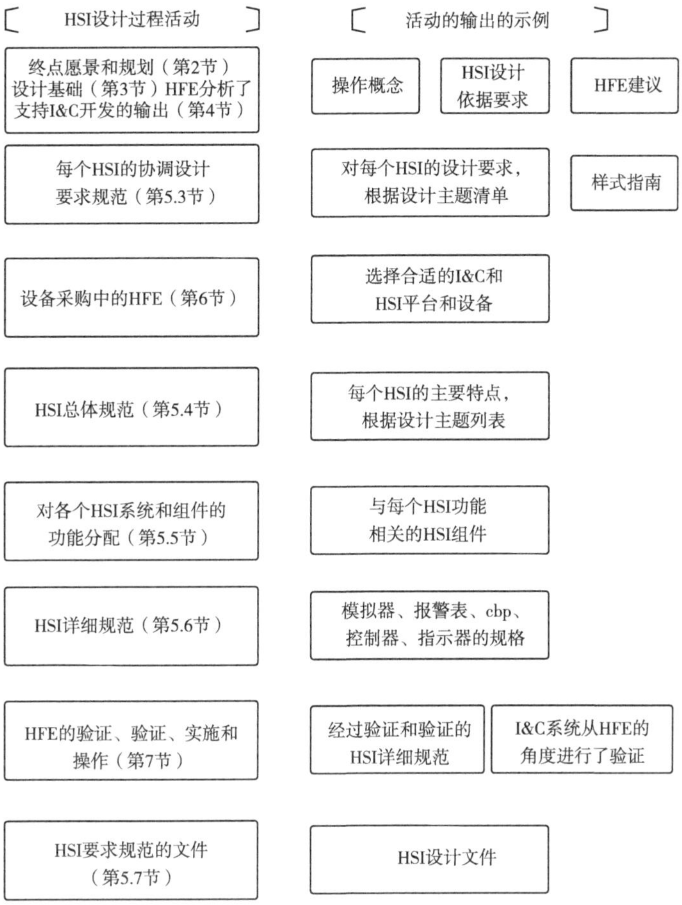

图 7-1　精细化设计过程示意图

要求进行交叉审查，然后针对通用技术领域（例如自动化水平）生成统一的要求或结论。以下部分指定了在收到第五章和第六章中的要求和输入后，需要纳入每个人机交互界面设计的活动。由于一些人机交互界面可能相对复杂，特别是数字化人机交互界面，建议使用分步式人机交互界面规范。第 7.4、7.5 和 7.6 节中描述了三个步骤，包括人机交互界面总体规范步骤、分配步骤和人机交互界面详细规范步骤。但是，在人机交互界面规范开始之前，设计团队需要协调来自如第 7.3 节所述的不同来源需求。

7.3　每个人机交互界面协调设计要求的规范

7.3.1　目的

人机交互界面的设计过程通常从每个单独的人机交互界面详细设计要求说明开始，

这些详细设计要求分别基于人机交互界面设计基准开发和人因分析中细化的各种来源（最终需求、法规、标准等）。然而，需要解决相关的设计基础要求之间或与人因工程建议之间的潜在冲突。在新厂址或大型现代化项目上，人机交互界面设计通常需要优先考虑、协调和协商各种需求，以满足项目的安全要求、运行目标及最终需求。同时，设计必须考虑仪控平台和设备的能力和局限性。

详细的人机交互界面要求的规范可能还需要考虑特定需求可能会如何影响整体仪控功能。因设计范围和不同需求使得系统更加受限，那么就没必要进行此类修改。

此外，一些人机交互界面设计基准要求或人因工程建议可能过于死板、模糊或不精确，则可能需要重新考虑。

7.3.2 方法

为了便于识别冲突并考虑原因，人机交互界面设计基准要求和人因工程建议通常被划分为不同的模块，如报警显示、信息显示等。如果发现冲突，可以通过以下方式解决：

——通过涉及多个规程（包括仪控）的协同配合，验证关键假设和需求，汇集新方法，从而确定共同实现相关需求的核心设计元素，或者在无法协调的情况下对需求进行优先排序。

——通过使用模型和/或原型来识别和/或帮助找到折中方案。

一些人机交互界面设计基准要求或人因工程建议比较宏观，仅仅说明了总的目标。这些通常要根据具体的解决方案原则，细化为更可操作的、详细的人机交互界面要求。

详细的人机交互界面规范可能需要对人机交互界面设计基准要求（见第 3 章）和人因工程建议（见第 4 章）的最终需求（见第 2 章）进行修订。而最终需求和人机交互界面设计基准要求的修订应有最终用户参与。

仪控模块通过细化的需求来实现特定的人机交互界面，并最终形成设计规范文件。此外，应制定人机交互界面格式指南，以提供总体设计指导（见第 10 章），确保人机交互界面之间的一致性。虽然详细的人机交互界面需求规范是设计概念的具体实例，但格式指南是规范人机交互界面视觉和感觉的一般性文档。格式指南的开发和用户群体范围应在附录中进一步描述。

7.4 人机交互界面总体规范

7.4.1 目的

人机交互界面总体规范的目的是确定相关人机交互界面的主要特征。对于数字化人机交互界面，主要是对通用服务（例如报警管理、显示导航、信息显示等）的通用原则、功能和能力的规范。对于模拟人机交互界面，主要是规范形状、大小、布局原则等。

7.4.2 方法

第一步，确定现有的仪控平台和设备的技术特征是否能够满足特定、详细的人机交互界面需求。如果通过文档审查或同行评估没有发现问题，原型研究可以帮助决策者确定哪些特定的平台或设备可以满足需求。如果没有产品可以与详细的人机交互界面要求相一致，则需要修改设计要素和格式指南。

第二步，基于平台或设备规格为每个设计专题编写总体人机交互界面系统设计规范。记录这些规范如何满足详细的人机交互界面需求是非常重要的。在这个阶段需要咨询人因工程专家，因为他们对许多设计专题的具体观点（见第 7.4.3 和 7.4.4 节）对于确保人机交互界面不会影响人的操作至关重要。

以下小节提供了人机交互界面概念设计所考虑的典型设计主题或项目。本书将提供几个典型的设计主题和项目，但并不完整。

7.4.3 人机交互界面总体规范明确的设计参数

此处列出的仪控参数都由特定人机交互界面设计定义：

——响应时间

——物理可达性

——可用性

——人机交互界面可靠性

——可维修性

——全寿期管理/报废

虽然被认为是“非功能”的要求，但因为它们对工作人员有重要影响，所以这些参数是人机交互界面基本设计需要考虑的关键技术参数。例如，响应时间会极大地影响人机交互界面的效用和可用性。在面对多个同时事件数字化系统超载时，此时如果最需要该系统，它就会变得不可靠了。人因工程专家可以帮助更精确地详细阐述这些参数，以找到适当的解决方案。

7.4.3.1 系统响应时间

系统响应时间是指向人机交互界面提交输入到返回结果之间的时间。人机交互界面中的系统响应时间必须通过考虑合理可接受的人类交互需求和认知反应水平来定义。

主控室所应用的仪表与控制系统一般通过多层子系统的集成以及它们之间的数据连接来工作。在这种多层系统中，从传感器到主控室的显示或从主控室到驱动组件的来回发送信号都需要响应时间。

人因工程分析定义了任务需求，其中可能包括响应时间和对自动化的需求。不超过响应时间的一般要求可以根据审查结果或实践经验（如翻转显示屏幕、屏幕触摸响应等）来设置。仪控开发输入需要最大延迟时间（或可接受的响应时间范围）、数据指示的最小和最大频率以及手动控制输入周期，用以保障操纵员在不影响效率的情况下执行任务。

在没有国家特定要求的前提下，仪控工程师可以使用 NUREG-0700（Rev. 2）作为系统响应时间的设计要求。

7.4.3.2 物理可达性

在考虑仪控设备运行、维修和测试的可达性时，人机交互界面设计团队需要考虑以下问题：

——哪些人员与设备交互？

——用户如何与设备交互？

——设备何时使用（例如维修停机、应急操作）？

——使用什么工具或个人防护装备与设备交互？

——任务顺序是什么？

任务分析可用于对设备设计的可访问性进行评估，尽量减少为了可达而需要拆除的设备部件或组件的数量或种类。例如将设备上某一安全位置作为测试点进行电源测试，以防止在访问过程中可能产生的危害。

人因工程人体测量设计指导也应适用可达性（即考虑将操作或维修设备的所有目标人员的身体形状和尺寸）。通常，在评估设计的可达性时，需要考虑四个主要的物理属性。

（1）间隙：完成一项任务需要多大空间？（例如，从机柜中移除机架安装的设备。）设计人员需要考虑到身体部分的间隙、人员防护设备（必要时）和所需的工具。

（2）距离：工作人员到达设备部件的距离和高度。

（3）姿态：工作人员必须采取什么姿势来进行活动（例如，在接触接线盒、控制执行器、现场仪表进行维修时）？

（4）力度：完成任务需要多大的强度（例如旋转阀门手柄）。

理想情况下，操作设备的区域必须都是可达的，也就是说该区域内人员无潜在危险，且路径必须清晰。根据安全分析的定义，以上要求在重要活动的情景下尤其重要。

有许多方法和技术可以用来评估设计的人员可达性，仪控团队有责任确定哪一种最适合。简单来说，审查评估可以包括执行任务期间的图表等记录和关键人员标准数据。计算机辅助设计工具在评估设计的人体适宜性方面非常有用，一些计算机软件可以实现系统和最终用户的完整模型。这些工具可以帮助可视化评估，并提供关于任务三维方面的更详细信息。

7.4.3.3 可用性

可用性定义为“指定用户可以在特定使用环境下使用系统、产品或服务来实现特定目标的有效性、效率和满意度的程度”（见 ISO9241-210）或“[f] 在必要的任务上可以很容易地达到和维持的程度”（参见 IEEE1023-2004）。可用性包括用户与人机交互界面交互以执行任务的体验。大多数可用性的定义围绕产品本身，并不强调使用的安全性。

在核工业中，可用性的首要目标是安全和可靠性：

——人机交互界面是否使用户能够在机组安全性不降低的前提下完成任务？

——人机交互界面是否使用户能够可靠地完成任务（即每次都可以）？

其他目标主要包括有效性、效率和满意度：

——人机交互界面是否使用户能够按需要有效地完成任务？

——人机交互界面是否使用户能够在机组安全可接受的时间窗口内完成任务？

——用户对人机交互界面是否满意？

可用性是设计满足用户完成任务需求程度的反映。它包括如何将信息传递给用户以及用户如何将其输出作为输入提供给系统。呈现给用户的信息应包括：

——可理解性，演示文稿遵循人机交互界面设计惯例和良好的易读性、清晰性或可听性；

——明显性，使重要信息与其他信息清晰地区分开来（例如，报警有亮度和颜色对比，明显区别于非报警元素）；

——相关性，用户可以获得所需的信息（例如，人机交互界面可能会不断显示关键参数，以便用户随时可以看到这些参数）；

——及时性，在需要的时候提供信息（例如，人机交互界面在提供重要信息时不会出现不必要的延误）；

——可达性，在需要时可以快速访问信息（例如，人机交互界面没有嵌套窗口，必须导航才能找到相关信息屏幕）；

——准确性，从而保证信息质量（例如，用户信任呈现的值是合格的和最新的）；

——一致性，人机交互界面风格与其他人机交互界面相匹配（例如，在与多个人机交互界面交互时，应尽量减少用户混淆的可能性）。

从工作人员输出到人机交互界面反映了上述可用性。例如，如果工作人员需要切换开关：

——操作方法必须直观易懂。

——开关必须与其他开关或指示器相比非常明显。

——开关必须是任务所要求的开关。

——需要有足够大的时间窗口切换开关。

——开关必须是用户可达的。

——开关必须按预期准确工作。

——开关构造应与其他开关保持一致。

遵循这些可用性标准有助于确保人机交互界面的安全性、可靠性、有效性、效率和用户满意度。其他可用性方面也可以考虑，如国际指南或人机交互界面格式指南中的特定内容。人机交互界面格式指南通常提供一些具体的建议，如配色方案、最小易读字体大小、所需的响应时间和导航约定等。

可用性有程度之分。任何设计都不能放弃安全性、可靠性、有效性、效率和满意度。然而，一些人机交互界面设计可能实现更大的整体可用性。第 7 节描述了从人机交互界面软件验证与确认中获得可用性优势的设计。特别是早期进行评估的多阶段软件验证与确认，可以提供有用的反馈，以完善人机交互界面的设计，从而实现更大的可用性。

7.4.3.4 可靠性

可靠性是指一个系统的整体可信度（即可以合理地依赖于该系统的程度）。这里重点讲人与系统交互的可靠性。稳定性、可用性和安全性是可靠性的属性（请参见国际原子能机构安全术语表）。软件对核电厂安全系统可靠性的评估可参考《IAEA 核电厂安全仪表与控制系统软件的可靠性评估》（Dependability Assessment of Software for Safety Instrumentation and Control Systems at Nuclear Power Plants，2018）。

人因工程在可靠性方面的作用是尽量减少人因失误的可能性。本节描述人机交互界面设计原则，以防止在不同条件下的仪表与控制系统使用的人因错误。降低仪表与控制系统的操作、维修测试和检查相关的人因失误风险通常涉及以下方面：

——人因原则和指南在人机交互界面/仪表与控制系统的设计和修改中广泛应用（例如，通过使用人机交互界面风格指南——见第十章）

——对具有重大风险的任务和相关的人机交互界面进行有针对性的人因评估。具有重大风险的人员活动是那些对核安全、辐射防护或放射性废物管理很重要的活动。它们与实现安全功能有关。例如，在特定事故工况下确保蒸汽发生器的给水。

人因工程对具有重大风险任务的评估构成了人因工程集成风险评估法。该方法通常用于大型项目。这种方法确保努力的方向与机组设计和运行安全目标相一致。

高风险活动可以从概率论和确定论的安全分析输出组合中识别，这是安全事件的分析基础（即人因可靠性分析和瞬态分析）。特别是，人因可靠性分析的定性要素为执行任务所需的人机交互界面特征提供了重要支撑。这些信息包括操作人员任务开始和完成所需的提示和指示。

对风险重大的人工任务进行人因评估的类型取决于设计的成熟度、任务的复杂性和行动的时间尺度等因素。方法包括任务分析、评估现场操作控制和模拟器（包括全范围模拟器）可达性的三维模型和研究，以评估复杂的行动（如电站瞬态处理或从主人机交互界面转移到备用人机交互界面及其后续操作）。人因失误预防的原则以及这些原则所涉及的错误类型

高风险任务的人因评估类型取决于设计成熟度、任务复杂性和行动时间尺度等因素。评估复杂任务的方法包括任务分析、操控和模拟机（包括全范围模拟机）可达性的三维模型评估审查等。附录中描述了人因失误预防原则和可消除的人因失误类型。

7.4.3.5 可维修性

《核电厂仪器仪表和控制系统设计》指出，仪控必须考虑到可维修性，包括位置可达性和人员能力。它还考虑了在维修活动期间在仪表与控制系统上的联锁、测试配置和冗余。在设计用于维修的仪表与控制系统时，为了实现这些考虑，仪控团队需要解决在系统上执行维修的实际人因工程方面的问题。

在第7.4.3.2节，讨论了对仪控设备进行维修和测试的可达性要求。与该部分内容一样，仪控工程师需要考虑维修人员如何与需要定期维修、故障排除和更换的组件进行交互。

对于主控室，特别是对于现场的仪控设备，需要考虑以下限制和影响：

——维修硬件接口标准化：将线缆、紧固件、连接点标准化，以便于优化和维修，然而，仪控工程师可以通过设计关键连接点来减少风险，以防止错误连接。

——软件控制接口标准化：考虑维修接口和控制单元可能在显示、功能和表现上有差异，需对即有模拟和数字信号的仪表与控制系统进行升级。对于通用接口功能而言，需要实现维修接口标准化最终目标，以减少人工维修失误。

——设备中各组件定位考虑：将需要经常访问、维修或校准的组件放置在最佳访问位置。然后，可以通过安装轨道等方法来进一步优化。

——软件维修和故障排除的维修区域设置：为了减少对操作人员的干扰，最好不在主屏附近，也不在主控外部划定维修区域。例如，系统的维修终端位于与主控制工作站分开的区域。

——其他设计考虑事项：例如，维修区域的照明和电源满足要求。

需要考虑计算机的安全影响。例如，笔记本电脑连接系统、访问诊断和故障排除的影响。

仪控工程师需要考虑仪表与控制系统中维修接口的设计和可用性。这包括对维修接口的访问，同时考虑到联锁、维修模式和安全设置。特别是在数字化人机交互界面，将存在很多种运行、维修和调试模式。

根据《核电厂仪表和控制系统设计》，目标是在执行这些任务时不影响仪控功能。

在进行维修、检查和测试时，特别是必须在线进行（即在系统运行时），必须设计

工程屏障以支持维修活动，避免干扰系统的安全运行。此外，各项管理措施也需到位，如操作人员保护程序等。

7.4.4 由人机交互界面功能需求驱动的设计参数

在人机交互界面概念设计中常见的设计参数如下：

——信息显示；

——报警；

——软控制和常规控制；

——手动、自动控制或手动和自动组合控制；

——基于电子程序、系统或纸质程序；

——计算机操作支持系统（通信、操作管理等）；

——工作环境；

——自动化水平；

——人机交互界面状态降级的备份策略。

必须利用第四章的人因工程输出这些参数，特别是从功能分配和需求方面。基于这些方法，人因工程专家需要帮助仪控团队理解并详细阐述各参数。经验表明，仪控团队并不直接使用第四章中描述的人因工程方法的输出，而是需要转化。所以，当人因工程专家直接参与仪控团队时，人因工程结果在人机交互界面设计中的集成效果将更好。

例如，与信息显示相关的设计概念必须分组在信息显示项中。设计概念必须详细说明信息应该如何显示，可能包括颜色、字体、大小和位置等方面。功能分组允许需要信息显示的人机交互界面的所有方面使用上述的要素。这些要素是信息显示程序的基础。

7.4.4.1 信息显示

核电厂是一个由数千种工艺设备组成的复杂系统，它们之间以复杂的方式相互作用和影响。操纵员通过人机交互界面远程控制系统。核电厂的运行通常需要多个操纵员协同工作并通过人机交互界面监视和控制核电厂。因此，人机交互界面需获取电厂所有事件的数据。

在核电厂的教育、培训和运行过程中，每个操纵员都会形成自己的心理模型，该模型反映了核电厂的行为模式、设备间功能关系、可能出现的工况以及应对措施。人机交互界面和操纵员的心理模型相互一致非常重要。

操纵员的工作包括以下重复性操作：

——获取系统设备和工艺参数的状态信息。

——对实际情况进行分析，并通过将获取信息与预先定义情景进行对比来识别当前状况。

——确定控制动作。(操纵员在正常工况下遵守运行程序。但是，程序并未涵盖所有可能的工况。在未知、未识别或特殊情况下，操纵员使用核电厂行为的心理模型来预测这些行动的影响。)

——实施控制操作并监控现场反映。

传统的人机交互界面，特别是模拟控制系统，是基于单一故障原则设计的：

——一项信息（如工艺参数值、阀门位置或泵状态）映射到一个人机交互界面项(如传统显示屏上的仪表或记录灯或显示器上的模拟符号)；

——一个设备组件（如阀门或泵）映射到一个控制器（如传统工作台上的专用开关或按钮或数字显示器上的特殊窗口)。

这种方法在各类人机交互界面中广泛使用。操纵员必须监视各种显示屏（特别是模拟技术)、显示器（特别是数字技术）和其他信息来源，以掌握当前机组状况。

以下列出了几种人机交互界面排列方法，以促进信息的访问、收集和分析，其目的是减少操作量并支持决策。

——导航模式，方便在显示器上确定选项（数字)；

——在控制显示屏（模拟）或显示器（数字）中对人机交互界面组件进行分类和分组；

——在控制显示屏（模拟）或过程中使用模拟图、流程图选项（数字)；

——信息的形成和表述（面向功能的显示)；

——概述信息的表述（概述显示)；

——信息可视化的生态学方法（显示能量和质量平衡的生态学显示)；

——信息的多层表述（自适应显示)；

——参数分组（列表显示)；

——物理建筑物或系统的表述（楼层地图和模拟显示器)；

——仪控逻辑和传感器输出的表述（仪控显示器)；

——使用控制面板（模拟）或报警显示器（数字）上的报警块的报警表述；

——指令表述（程序显示)；

——参数的演变（图形和趋势显示)。

为能够灵活显示图形、文本和其他信息的可视单元，第 12 章详细提供了许多方法。

7.4.4.2 报警

在人机交互界面设计过程中需要确定报警显示器的系统和功能要求。这些活动需要对报警管理系统的设计和指导加以补充。如果标准没有规定某些报警功能，人因工程可以通过人机交互界面格式指南提供指导（见第 10 章)。

对于报警器等常规控制显示屏，人因工程可以指导报警亮度和能见度、报警音调和区分、根据报警重要性和报警分组的报警灯颜色协调等方面。

随着仪表与控制系统的数字化，通常人因工程可以为以下人机交互界面特性的设计提供指导：

——报警优先级和颜色编码；

——报警处理（即过滤和分类）；

——报警信息内容和显示（如激活、确认和清除）。

传统的模拟信号和数字报警显示器之间存在权衡。相对于数字报警显示器，模拟信号重要优势是连续可见，这使得操作人员很容易检测报警条件。许多数字报警系统具有报警列表，但放弃了空间专用的连续可见设计。这也可行，因为后者可以为操作人员提供更明确工况数据。人因工程和仪控需要配合，使用由人因工程分析引导的系统方法，以确定空间专用连续可见布局必须提供哪些变量和/或报警条件以及如何实现（例如，通过传统方式或数字显示，或两者兼有）。

7.4.4.3 硬件控制和软件控制

控制是指为工作人员提供启动设备或执行任务的方式。按钮、旋转开关、拨动开关和滑块都是传统硬件控制的典型例子。这需要工作人员执行某种形式的物理动作来改变控制的状态。关于如何在操作台或显示屏上布置传统控件，已有许多成熟建议和设计原则。指南包括如何使用颜色、大小、形状、感知和位置编码，人员和专业考虑，以及如何防止人因失误的传统控件。这些原则可以参考 NUREG-0700（Rev. 2）和 IEC 60447。然而，随着技术进步，传统硬件控制正逐渐转向软件控制。软件控制是指操控电脑屏幕上显示信息，通过输入设备（如鼠标、操纵杆、轨迹球或触摸屏）来激活。虚拟按钮、复选框、单选按钮和虚拟滑块都是人机交互中使用的软件控制类型。下面是软件控制的典型操作：

——对象的选择（如模拟图上的选择设备）；

——选项或命令的选择（如从菜单中选择命令）；

——设备目标状态的选择（如选择一个单选按钮，指定设备的期望状态（打开/关闭，停止/待机/工作））；

——意图或动作的确认；

——平滑（使用软滑块）或离散（使用一对箭头或双箭头按钮）变化模拟参数值；

——使用数字键设置参数值。

软件控制的界面非常灵活和紧凑；但会增大人因失误的风险。当软件控制时，操作人员无法获得感知提示或反馈。例如主循环泵的控制启动和生活用水供应二次泵的启动。用于动作的传统控件可以具有更大的尺寸和/或易于识别的形状，以防止两个泵之间的混淆，而在软件控制界面中，用户单击相同的鼠标或轨迹球按钮，这在控件的触觉感知特性上没有明显不同。

为了防止在操作软件控制时出现人因失误，任何控制操作通常都需要一个双重动作才能完成。第一个动作是选择或设置目标状态或期望的选项，而第二个动作是对第一个动作表达意图的确认。重要任务可以按照特定程序执行，该程序确认任务由另一个操纵员来完成。

随着新兴技术的发展，越来越多的设计者倾向于使用触摸屏进行软件控制。包括移动设备的触摸屏、现场显示触摸屏或控制台的大型触摸屏，以及包含所有必要且常用的软件控制面板，操作更加简便。

但是，在使用触摸屏时，为了防止人因失误，需要仔细考虑以下问题：

——触摸敏感区（按钮或滑块的尺寸）必须足够大（通常为 20 毫米或更多）。

——视差误差，可能是由于厚屏幕玻璃导致（需要对观察角度进行修正）。

——眩光风险，尤其是当触摸屏水平放置时。

——当从侧面观看触摸屏时，对比度会显著下降。

——触摸屏不提供任何触觉反馈，无法通过触觉感知操作的执行。

总的来说，当有多个控制时，仪控团队需要提供一些指示。详细设计需要确定什么是最佳实践，是如何工作的，以及所选的仪控产品是否能达到预期的人机交互。它还需要考虑当用户界面上同时存在软件控件和硬件控件时如何操作。关键原则是，在向系统软件控制方向转变时，重点在于为操作人员提供操作行为的等效示意图。

7.4.4.4 基于计算机的电子程序

电子程序被认为是一种操纵员支持系统。操作程序是设备运行所必需的。然而，一旦操作程序电子化，则需要实现计算机辅助操作支持技术作为人机交互界面系统的组成部分。如 IEC 62646 和 IEEE 1786-2011 中所述，电子程序功能是基于功能生成和/或系统完整性提供的。业界通常认可以下主要类别：

——类型 1：电子程序基本上是纸质程序的替代品，呈现静态信息和操作步骤的链接页面。

——类型 2：基于电子程序系统获取的信息，电子程序为作业人员提供指导。每一项信息都可以集成到所呈现的显示格式中。

——类型 3：电子程序显示信息和操作步骤，完全集成了现场实时信息、状态和值，因此可以从显示器中执行操作，自动控制功能可以访问，操作人员可以从电子程序中启动序列的自动执行。

尽管技术现在能够实现类型 3 的功能，但由于监管问题和可靠性问题，类型 3 的应用仍然有限。

程序开发指南，它需要一个操作程序编写人员的指南开发和程序生成包，通常不仅适用于电子程序内容开发，也适用于指定人机交互界面特性的人机交互界面设计指南（本文将讨论）。特定人机交互界面设计指南（本文将讨论）通常也适用于电子程序人机交互界面的开发。

电子程序的应用优势不仅有助于操纵员操作数字化人机交互界面系统，例如从电子程序到现场参数表示的导航超链接，还带来了数据的存储/记录/归档，可以在多个程序执行中跟踪正在进行的操作步骤并记录操作日志，例如操纵员的姓名和执行次数（这将有助于操作管理和安全分析）。

为应对异常情况，必须开发基于纸质文件的备份程序。考虑到由于系统故障或可视单元丢失而造成的电子文件损失，必须在主控室中划分区域备份纸质文件。

7.4.4.5 工作环境考虑

工作环境参数（如照明、振动、噪声、温度条件）工作人员以及现场设备的寿命产生影响，特别是仪表与控制系统。

如果工作环境与人员需要不匹配，就会产生压力，从而造成核电厂员工的疲劳，这可能导致人因失误。从历史上看，从核工业、常规工业和航空工业获得的反馈是，许多事故的根本原因主要是由于工作环境造成的人因失误。因此，在设计过程中要特别注意工作人员的工作环境以及工控设备。

人因工程的主要目标是为主控室的操纵员提供一个有利的环境，使他们能够通过指定的人机交互界面或仪控设备使电厂安全运行。任何非正常的工作状态都会降低操作人员的认知能力和体力，从而导致设备运行中出现不希望出现的情况。对于工控设备工作环境的考虑在第十章中有更详细的描述。

7.4.4.6 自动化

人与自动化之间的分配是最复杂的设计任务之一。这种分配明确了需执行的自动化水平、人机交互界面和控制动作列表的规范。以下核电厂过程监测和控制的典型动作：

——工艺参数的自动调节控制（例如蒸汽发生器的水位自动控制）；

——自动执行步进式操作程序（例如汽轮机启动）；

——自动启动备用设备（例如，在一台正在工作的水泵意外停止或故障的情况下，启动备用给水泵）；

——自动启动紧急保护（例如汽轮机跳机或反应堆跳堆）。

选择最合适的自动化类型取决于控制任务的特殊性。通常，简单、形式化的常规控制任务，有清晰的逻辑和算术计算占主导地位，应实现自动化，而形式化差的复杂任务，通常在标准不明确和缺乏信息的，只能人工操作。计算机（或其他一些自动化设备）永远不会疲劳，动作迅速，且不受情绪的影响。因此，计算机必须执行需要永久控制以及高速率和性能可靠性的任务。人类能够系统思考，可以轻松地对图像进行操作，并快速获得整体情景。因此，人类必须执行情景和条件的全面评估相关的任务，并在复杂的情况下做出复杂的决定。他们还必须执行一些任务，以便更好地掌握系统，或者维修在特殊情况下至关重要的功能。功能分配详细指导见第 10 章。

7.4.4.7 仪表与控制系统和人机交互界面故障的识别和缓解

考虑和识别仪表与控制系统和人机交互界面是如何失效、如何影响系统性能，以及如何通过设计来缓解这些问题非常重要。故障模式和影响分析是仪控工程师用来识别仪表与控制系统如何发生故障，以及这如何影响人机交互界面和系统性能的过程。该分析的输出可以从人因工程的角度进行审查，以确定是否发现人机交互界面故障，并提供恢复建议。

从根本上说，仪表与控制系统方案需要一定程序的容错和失效。下面人机交互界面失误的例子需考虑：

(1) 自动化失效。

(Ⅰ) 自动化序列中途停止；

(Ⅱ) 自动化遗漏步骤；

(Ⅲ) 在有参数不满足的情况下，自动化启动；

(Ⅳ) 当出现故障时未能有效识别。

(2) 数据显示失败。

(Ⅰ) 单个数据点冻结；

(Ⅱ) 显示冻结；

(Ⅲ) 传感器显示冲突；

(Ⅳ) 未能及时访问信息；

(Ⅴ) 可信但数据差，导致可能的误判。

此外，仪表与控制系统和人机交互界面故障的可能性，可使用以下验证原则进行检查：

——由操纵员检查仪表与控制系统是否足以预防和检测错误；

——测试故障恢复和可能的故障误判；

——测试自动化响应边界（即操纵员是否知道自动化范围）；

——测试人机交互界面间的切换（考虑从软件、数字化和传统模拟人机交互界面切换时）；

——测试接口的有效性，以支持决策；

——测试用户可配置显示器的影响（操作人员不是界面设计师，他们倾向于在屏幕上充满信息）；

——零故障测试场景，以了解操纵员的措施是否得到优化，或设计是否会导致警惕性降低。

设计永远不出错的系统是不可能的。良好的人机交互设计可以在一定程度上减少错误，且在出现问题时制定备份策略，这在第 7.4.4.8 节中讨论。

7.4.4.8 备份策略

根据 SSR 2/1 （Rev. 1）的要求，所有与安全系统、安全相关系统和安全重要系统相关的项目都应根据其功能和安全意义进行识别和分类。该要求扩展到仪表与控制系统和人机交互界面。然而，从操作的角度来看，设备诊断、行动计划和控制是基于集成设备状态数据来实现的，包含安全级和非安全级设备。同样，这会增加设计难度。

在传统的模拟人机交互界面中，安全级和非安全级组件（即指示器、开关、控制器）以集成方式排列（即以模拟线排列）在安全级别面板上，或在非安全级别面板上以安全分类组件区分（例如用颜色代码标定）。因此，操作人员可以很容易地识别出安全级别的人机交互系统元件，即使非安全级别的人机交互系统元件出现故障，操作人员也可以使用相同的控制界面继续操作。

在数字化人机交互系统中，非安全级的可视单元通常用于所有非安全级别的组件。安全系统作为独立的系统进行维修，在某些情况下，安全级系统可能不会数字化，以获得更高的安全性和可靠性。在仪控中要考虑和实施纵深防御策略，以确保非安全级系统不会影响安全级系统。

对于非安全级的人机交互故障，需要建立备份策略。非安全的人机交互得益于冗余的可视单元，这样信息和控制可以在主控室的不同地方或安全的远程设施中进行。备份策略还包括操纵员如何识别数字人机交互系统故障条件。数字化人机交互技术通常配备自诊断功能，可监控中央处理单元/内存的健康状况，并发出异常报警。此外，要定期检查人机交互系统。安全级人机交互界面通常具有冗余指示器和控件，但这些可能不一定是数字化的。

在合理可行的前提下，需要在正常操作人机交互系统时进行备份。这是为了在将控制权从主系统切换到备用盘时最大限度地减少误差。

备份策略还包括人机交互界面变化的强化培训（即从正常的主系统过渡到备用盘）、自动化水平的变化（即自动化故障时的手动备份操作）和操作程序的变化（即从电子文件过渡到纸质文件或对备用盘专用操作程序）。

数字化系统和备用盘之间的切换需要纳入集成系统验证试验，以测试两种接口类型的互操作性。

7.5 各人机交互界面系统和组件的功能分配

7.5.1 目的

目的是确定哪些人机交互界面组件，如单个可视单元和模拟指示器，将用于实现上一步确定的人机交互界面总体规范。在功能分配之前，可能需要将一些高级功能分解为子功能。主要目标如下：

——为操作人员提供执行任务所需的所有信息，同时最大限度减少工作量和增强态势感知；

——提高监测和减轻人机交互或人员操作失误的能力；

——确保跨人机交互界面功能分配的一致性；

——遵守仪控架构规定的分配给每个纵深防御级别的功能角色；

——考虑仪控架构为每个人机交互界面系统保留技术的能力和限制；

——确定必要的人机交互界面组件的数量。

7.5.2 方法

对于人机交互界面类型的功能分配分为三种类型：

(1) 相同功能的人机交互界面可能与多个组件相关联，这些组件都是其实现所必需的（例如一个监控功能可能需要多个可视单元来为用户提供所有必需的信息）。

(2) 相同功能的人机交互界面可能与多个组件相关联，以提供某种程度的重复，从而增强信息共享或容错能力。例如，报警显示功能不仅可以在单独的可视单元上显示，还可以在大型显示屏和/或传统的报警模块上显示。

(3) 多个功能的人机交互界面可以与同一个组件相关联（例如，显示导航功能可以分配给相同的可视单元作为监视和控制功能）。

当将人机交互界面组件分配给一个人机交互界面功能时，单个人机交互界面组件的数量、性能和能力需要共同满足功能的要求。

数字化仪表与控制系统通常不是从零开始开发的，而是基于多个仪控模块平台。这些平台的人机交互界面旨在支持广泛的人机交互功能，如在多个可视单元上显示信息、使用多种多样的输入设备与人类用户交互、显示导航、报警信号和管理，以及基于计算机的通用程序。

7.6 人机交互界面详细规范

7.6.1 目的

此步骤的目的是根据前两步的结果开发一个详细的人机交互界面规范。例如，对于数字化人机交互界面，需解决以下问题：

——每个人机交互界面功能的显示指示器和控件；

——报警列表及其显示；
——程序列表及其内容。

例如，对于传统模拟的人机交互界面，需解决以下问题：

——显示屏列表；
——每个显示屏的模拟器、指示器和控制器；
——报警及其位置的列表。

7.6.2 方法

此步骤的方法是基于以下假设：

——人机交互界面样式指南的应用（见第 10 章）；
——与仪表和核电厂设计一致。

此单独的规范通常包含以下内容：

——功能规范（即系统的行为以及如何显示信息和图形显示规范，包括图形显示、信号分配）；
——系统规范（如响应时间、更新频率、可靠性）；
——接口规范（如输入/输出列表、信号路由）。

接口规范将在此阶段开发。在数字化仪控平台中，可以通过数据网络建立单个系统（包括子系统）和组件之间的接口通信。

在定义规范时，人因工程和仪控专家之间的合作非常重要。事实上，经验表明，人因工程对系统需求的贡献往往最大化发挥。许多细节没有在需求级别上进行讨论，并将在规范开发过程中进行详细说明。至少，这些规范必须由人因工程专家进行审查。

7.7 人机交互界面需求规范性文件

所有的需求和人机交互界面概念/基本设计、单个和集成的系统/功能设计规范都必须形成文件，以满足各种需求，包括配置控制（即可处理性、界面、修订控制）、设计评审和设计过程中各利益相关者之间的设计信息共享。此文档必须作为软件验证与确认的输入。

在详细设计阶段，必须满足所有的设计要求。第 7 节中描述的详细设计和软件验证与确认过程可以叠加以满足需求，包括人因工程分析结果，并且必须与正在考虑的软件和硬件的成熟度和定制要求程度相一致。

7.8 程序及培训

虽然通常不认为仪表与控制系统是人机交互界面设计的一部分，但程序错误和与人机交互界面设计的培训可能是人因失误的一个重要来源。然而，在一些设计项目中，程序及培训被忽视到项目的最后阶段。以下小节提供了关于与仪表、控制系统有关的程序及培训的指导。其目的是认识到程序和培训在支持仪表与控制系统的使用中所发挥的作用，特别是最终设计的人机交互界面。操纵员必须使用程序来指导其与人机交互的接口。同样，需要对其进行培训。

7.8.1 程序

人机交互界面一旦设计，就需要制定操作和维修程序，目的在正常、异常和紧急情况下实现人机交互。这需要考虑系统和设备何时进行维修、测试和检查。

程序不是人因工程的唯一活动；它还与项目团队之外组织的其他部分进行参与和交互。程序制定需要考虑程序类型、结构、执行方案、操作指南、验证方案和维修方案。制定程序，要求技术上准确、全面、行动明确并易于使用。

考虑到人因工程，程序开发主要利用：

——任务分析；

——重要的人员活动；

——已经开发出来的人机交互界面。

由于所有电厂都面临着陆续的设计修改，需要一个维修程序来处理有关仪控变更以及电厂现有系统和组件的程序更新。

7.8.1.1 程序开发的人因工程输入

任务分析的主要输出是描述了仪表与控制系统操作所需的任务，包括子任务或活动，以及操作所需的仪控。从这个角度来看，任务分析是程序步骤的前提，因为它包括所需的仪表与控制，并提供了仪控和操作之间的链接。从本质上说，任务分析是操作或维修仪表与控制系统或组件所需的程序任务的第一个大纲文件。

然而，经验表明，在某些情况下，任务分析并不全应用于程序开发，并且存在一些新电厂的程序是参考老电厂设计或利用以前版本进行设计修改的情况。在这种情况下，需要特别注意，以确保程序的技术准确性，特别是能反映修改后的或新仪表与控制系统或组件。对重要的人工活动也可能存在类似的考虑，其中程序需要关注这些活动及其相关的人机交互界面、仪表与控制系统或组件。

总的来说，对于已开发的人机交互界面，所包含的仪控组件需要与其他人因工程活动的输出相一致，以确保程序的可用性。

7.8.1.2　为程序开发的其他投入

程序开发的其他输入通常包括以下内容：

——核电厂设计基准；

——基于系统的技术要求和规范（来自仪控文件）；

——启动应急操作程序中应考虑的事件，包括设计基准事故；

——紧急操作程序的通用技术指南；

——编写程序内容的程序编写指南和人因指南。

7.8.1.3　程序中的特定人因工程重点

从人因工程的角度来看，需要考虑以下特性：

——技术准确性，不仅在要执行的任务或活动方面，而且在要使用的仪表与控制系统或组件方面；

——对受影响的仪表与控制系统或组件方面的程序中存在的相关行动或现场条件的全面性；

——操作明确性（通常会生成已批准的操作动词列表）和易用性；

——可以在程序编写者指南中解决的问题。（指南内容可包括如适用性声明、目的、先决条件、警告、警告事项、注释、步骤（单个操作与连续操作）、清单、附录和参考材料等）；

——指导如何表示程序要求提供信息的指南。

需要纸质程序，以便在电子程序发生故障时执行功能。此外，在这种情况下，必须有措施使操纵员能够过渡到纸质程序并执行。例如，在线版本的硬拷贝可以与电子程序同格式使用，显示正在执行的步骤。

为了确保做到上述要求并且程序结构化、可理解、可用和一致，需要执行一个特定的软件验证与确认流程。除了确认现场运行程序的有效性外，程序软件验证与确认过程的结果可能包括以下内容：

——识别程序内容中潜在的人因失误；

——程序执行过程中需要调整的时间；

——程序信息的限制，如注意事项；

——对可能影响仪控过程步骤的改进，包括标签、命名等。

7.8.2　培训方案的开发

定期对核电厂员工进行培训，以确保他们的知识和能力得到长期保持。

一旦人机交互界面的设计和操作程序完成，就要开始开发培训方案。关于系统培训方法的指导可参考国际原子能机构安全标准系列（No. NS-G-2.8，核电厂人员招聘、资格和培训）。但是，重要的是要根据各成员国的监管要求，考虑完成培训方案执行和考试的时间表。所有员工在上岗前都需要接受培训。在一个电厂改造项目中，需要在规划阶段评估修改对培训方案的影响。对于新的培训方案，需要与人因工程和仪控的程序结合起来提前考虑。就程序开发而言，培训方案开发不是唯一的，还应与项目团队之外的培训组织参与和互动，例如，作为安全分析报告的一部分。

需要为所有（如主控室操纵员、现场操作人员、维修人员）或包括分包商在内的人员准备培训计划。该计划可以考虑：

——任务分析：任务（细分为子任务或活动）已经被确定为培训所必须考虑的特定目的、特性或需求。

——人员配备和资格：确定了完成每项任务的员工类型以及完成这些任务所需的知识和技能。

——对待重要人工操作，从电厂安全角度识别那些重要的人工任务。

——人机交互界面设计，用于电站运行过程中实现所有运行和安全目标，考虑：

• 了解如何以及在何处访问所有可用信息（软件显示中的导航、常规面板布局中的布局位置）；

• 人机交互界面中可用的不同类型信息；

• 如何操作不同类型控制的知识。

——在面对不同的操作条件时，用于操作人机交互界面的不同类型的程序。

关于仪控，培训计划需要考虑仪控背后的技术特征，以及在现场运行期间使用的各类组件。这包括考虑正常、异常和紧急情况，以及系统和设备在测试、维修或检查期间（特别是在停堆期间）。

为加强人员操作管控，设计团队在培训与仪表、控制系统或组件设计和使用之间的联系方面时，将主要考虑工程澄清、附加信息请求和修改变更。

此外，由于培训通常基于全范围模拟机，因此需要在这些模拟机中正确和充分地表示仪控时施加特定限制，这些限制需要包含在仪控要求中。

由于核电厂实际设计修改不断，在新的仪控组件和系统调试之前，培训项目中也需要考虑这些变化。

第 8 章

设备采购方面的人因工程

8.1 环境

对仪表与控制系统的整体采购通常是实现最终设计目标最常见的解决方案。这样可以解决专业知识储备不足等弊端，且可以更有效地或者更有成本效益地完成进度计划。

国际原子能机构核能系列文件 No. NR-T-3. 31，介绍了选择、评估和认证核电厂商用工业数字仪表和控制设备的困难和方法。本节所述的流程，与《核电厂中应用商业工业数字仪表和控制设备的选择，评估和合格的挑战和方法》（Challenges and Approaches for Selecting, Assessing and Qualifying Commercial Industrial Digital Instrumentation and Control Equipment for Use in Nuclear Power Plant Applications）中所述的流程产生了协同效应，包括以下问题：

——如何将人因工程整合到项目的商业框架中；

——如何在供应链中明确人因工程要求，将分级方法应用于合同框架；

——如何明确供应商责任；

——如何指定设计人员职责、设备认证和适用性测试；

——如何证明商业化的成品设备符合核电厂安装要求。

《核电厂中应用商业工业数字仪表和控制设备的选择，评估和合格的挑战和方法》还提供了与下面相关的具体信息：

——商业和工业设备相关典型问题；

——仪控设备采购流程。

8.2 人因工程在供应链和设备采购中的概述

从第三方或供应商采购或设计的商用设备被称为商用成品设备。确保设备供应商能够提供符合仪表与控制系统或子系统项目要求的解决方案非常重要。本节通过以下描述，给出了确保人因工程要求成为商业现货产品采购战略和合同框架一部分的关键考虑因素：

——如何确定设备的人因工程重要性水平，以确保风险比例方法；

——人因工程如何融入采购流程和合同框架；

——如何明确供应商责任，以确保人因工程的设计和分析方法被整合到他们的设计过程中；

——设计师如何确保供应商的设计符合人因工程的要求。

8.2.1 人因工程与采购流程和供应链的整合

设计人员（即负责交付设计的单位）和设备供应商（即对设计人员负责的商业实体）之间的集成度可能根据项目的要求和所采购的系统或子系统的复杂性而有所不同。例如，一个大规模、复杂的软件和硬件采购系统项目（如一个新建项目或反应堆检查和维护系统），由于要求的复杂性以及相关的高度安全功能和采购过程的潜在持续时间，必然需要与供应商密切接触。在现有电厂中，由于老化和过时而在现场更换仪表与控制系统组件的情况越来越普遍。虽然与大型项目相比，替换这些部件在分级级别上的复杂要求可能较少，但替换它们还是具有挑战性的，因为在整个电厂里，它们可能是系统性的，而且数量很多。例如，在现场用数字化的仪表与控制系统继电器或带有触摸屏接口的电机控制中心替换过时的模拟保护继电器或电机控制中心。

相反，一个现有电厂的设计师/维护人员，如果要为一个相对简单的设备购买一个替换的提升机，可能不需要与供应商过多接触，因为与主控室软件相比，提升机附件的要求更简单。此外，供应商要求的人因工程证实水平以及由此而来的设计人员的监督水平可能因设计人员确定的设备的相对重要性而有所不同。

在设计生命周期的早期，认识和理解工程项目对供应链的依赖很重要，以便能够开发适当的人因工程方案，确保在采购生命周期中考虑到人因工程的要求。

8.2.2 在合同中明确人因工程要求

有必要确保在设备采购中适当地考虑人因工程要求，以便将其纳入正在应用的商业框架。应用的人因工程要求可能因每个系统或子系统的相对重要性、复杂性和功能而不同。有时，可能需要应用分级方法将人因工程要求集成到商业框架中。在新建项目或严重依赖供应链提供设计解决方案的项目中尤其如此。

合同框架中规定的人因工程要求可根据所采购设备的个别需求进行调整。这有助于确保供应商无需开展不必要的工作，从而减少设计师的监督负担。

为了使要求适应合同框架的需要，了解所采购设备的用途以及最终用户如何与之交互非常重要。

人因工程要求的信息来源是人机交互界面设计指南（见第 10 章）。在合同框架中指定本文件作为向供应商提供的技术规范的一部分可能会很有用。此外，人因工程分析方法产生的输出（如任务分析和功能分配）将为人因工程要求的标定提供人机交互界面的基础。例如，任务分析或许能识别出操作员对来自显示单元的音频和视频反馈产生的严重依赖。在这种情况下，确保与视觉和音频反馈相关的人因工程要求纳入合同框架的一部分就变得非常重要。人机交互界面要求文件，如人机交互界面设计指南和以往设计的任何操作经验反馈，可以纳入供应商应遵守的规范文件清单。合同中的人因工程要求必须是实际的、可测量的。是否达到了这些要求也需要证明（例如通过定性的、书面的报告，或通过一个简单的是/否的勾框，这取决于需求的类型和重要性）。

为合同中指定设计要求的机制可能因项目、公司和国家而异。因此，仪控团队有责任确定采购合同中规定人因工程要求的机制。一般来说，项目很可能首先发出合同招标邀请（也称为投标邀请函），然后将合同授予第三方。在初步招标阶段，可邀请第三方解释如何实现合同目标。在此阶段，多个第三方供应商可能会争夺合同；设计师需要一个初始评估阶段来确定哪位候选人最合适。重要的是，应将人因工程与该流程相结合，并根据人因工程要求评估第三方供应商对招标书的响应。评估第三方供应商对标书的响应的各种机制可能有很大差异，仪控团队有责任确定如何评估人因工程要求，以及评估结果如何影响招标结果。

8.2.2.1 仪表与控制系统协调的具体考虑因素

在考虑预开发仪控产品的不同选项时，设计团队需要确保所选择的软件或硬件考虑到具有类似人机交互界面的系统之间的协调。例如：

——新系统是否与旧系统兼容？

——可以使用什么机制来确保这一点？

一些公用事业公司使用产品目录，但这些目录并没有成为人因工程提供的人机交互界面规范。需要进行某种程度的集成，以考虑操作新系统与现有系统的用户影响。

8.2.2.2 多机组核电厂现代化的具体考虑因素

在考虑多台机组的改造时（即设备重复的地方），重要的是确保所选仪控产品仍然可获得并支持下一次机组升级。例如，在运行多个控制室的核电厂中，现代化改造项目可能持续很长一段时间，确保在整个项目执行期间设备的可获得性以及供应商的支持是很重要的。其他考虑因素包括，由于产品过时或者升级新型号，在接口方面有协调多台机组仪控的需要。开展兼容性问题识别工作也非常重要。这可能需要在邀标阶段和/或在招标合同中规定或与供应商进行沟通。

8.2.3 合同框架采用的分级方法

采用分级方法可确保人因工程工作水平与设备采购有关的工程项目活动的风险相称。应用分级方法与新建和复杂项目尤其相关，这些项目严重依赖供应链来实现最终意图。在这些情况下，从成本、时间和工作的角度来看，将相同水平的人因工程工作应用于每个合同或将一个广泛的、单一的解决方案应用于一个合同框架，可能不现实。所需的人因工程工作水平旨在与所采购设备的相关风险成比例。例如，相较于非安全等级设备的数字维护校准工具，对于监测、维护和记录堆芯温度至关重要的仪表与控制系统可能需要合同框架中规定的更高水平的人因工程工作。然而，这并不是说，从人因角度来看，非安全相关设备的风险较低。在应用该方法之前，人因专家必须确定风险标准的等级。采用分级方法的目的是确保将适当水平的人因工程工作应用于对项目目标最重要的领域。安全分析为识别具有重大风险的设备提供了有用的输入。

在对人因进行分级时，重要的是要记住，从人因的角度来看，安全分类并不总是安全相关性的良好指示。这是因为在现有核电厂运行的这些年里，数字技术的可用性极大地改变了最先进的非核产业工厂的运行方式。其中一些发展也已波及到核电厂，并体现在用于监测核电厂及其设备、运行决策和工作设计等活动的不同非安全系统中。例如，如果没有利用软控制来进行操作，工艺监控系统本身就不具有安全性。然而，由于工艺监控系统对于辅助工艺系统操作人员掌握系统运行状况至关重要，就必须付出大量的人因工程努力。其他明显需要人因工程努力的非安全系统包括电子规程和维修管理系统。在维修管理的时候，即使工单管理系统本身不具有安全重要性，维修工单中的人因失误也可能会导致维修错误。因此，在对人因工程计划进行分级时，还应分析核电厂中使用的数字系统的间接安全影响。

8.2.4 明确供应商责任

在采购流程开始时，明确供应商与人因相关的责任非常重要。一般来说，这涉及要求供应商证明设计中考虑了人因工程，并且其设计满足仪控设备的人因工程要求。具体而言，供应商的责任需要与设备的风险水平相适应。例如，如果正在采购的设备涉及对安全很重要的相关操作或者高度的人机交互，可能有必要要求供应商高度的设计符合性、演示和证实。

供应商工程项目所需的确切活动取决于具体情况，仪控团队有责任确定所需的符合性、演示和证实水平。以下是可作为采购仪控设备合同一部分要求的供应商活动示例：

——符合性清单：这将证明是否符合人因工程的要求。

——人因工程计划：该计划将详细说明供应商的工作计划，以确保满足合同中的人因工程要求。该计划将详细说明供应商的工作计划，以确保满足合同中的人因工程要求。该计划可能包括实施时间表、人因工程评估和评估方法的细节，定义关键利益相关者及其与项目的关系，并详细说明人因工程工作计划如何与项目的里程碑和最终意图保持一致。

——设计证实报告：这些报告将总结人因工程的评估和审查，这些评估和审查包含了设计过程信息，并将包括任何任务分析、功能分配和设计审查的细节。

——人因工程设计评审：这将包括由供应商主导的人因工程具体设计审查，这些审查包括由供应商进行的内部审查和供应商与设计师之间进行的外部审查。

——聚焦 HF 的跟踪系统：该跟踪系统将记录所有人因工程特定的设计假设和问题，并提供这些问题的提出时间以及如何在设计中解决的历史记录。

值得注意的是，向供应商提供预期输出的模板或示例可以提高供应商可交付成果的一致性和充分性。例如，设计将发送给供应商的符合性清单，将确保响应的一致性，并确保提供正确的详细程度。

8.2.5 明确设计师的职责

设计方可向供应商说明其如何审查供应商承担的工作，以及将实施何种机制来协助供应商在其合同范围内实现设计的最终意图。设计师所要求的具体活动取决于正在执行的合同和项目的要求。以下是仪控团队可能选择实施的活动，以确保供应商实现设计的最终意图：

——参加设计评审：设计师可能希望指定参加供应商设计审查的人员。这可能是针对人因工程特定和一般设计的审查，并可能与特定项目里程碑保持一致。

——审查供应商的产出：设计师可能希望确定具体的供应商输出以供审查。这些可能包括设计报告、人因工程计划或类似文件、人因工程问题登记簿或日志以及符合性清单。

——设计的最终验收：设计方可根据设备的相对重要性，规定如何与供应商进行设计验收。

8.2.6 设备鉴定和适用性

《IAEA 核电厂安全设计》（Rev. 1）中要求："应当执行对安全重要项目的确认程序，以验证核电厂的安全重要的设备在其设计寿命中（同时考虑维护和测试期间的电厂状况），在必要时和在普遍的环境条件下，能够履行其预期的功能。"

因此，对安全重要设备的人因工程方面的考虑需要纳入设备鉴定和适用性分析。

设备鉴定过程可由其他项目利益相关者定义，因此，在人因工程规划阶段确定该过程并确保人因工程活动和输出支持该过程非常重要。

在设备采购过程中，必须规定人因工程分析纳入设备鉴定和适用性分析的一部分。该过程可根据工程项目的规模和范围分阶段进行，并可能在不同的设计成熟度水平下进行。

第 9 章

人因工程验证、确认、实施和运行

9.1 前言

人因工程验证和确认的主要目标是确保最终设计符合公认的设计原则以及人类操作的安全和设计要求。它确保仪表与控制系统组件或系统，特别考虑人机交互界面，足以使核电厂人员成功地执行他们的任务，确保设计目标的实现。本节对《核电厂仪表和控制系统设计》现有的仪表与控制系统验证和确认活动进行了补充。

当考虑新建、设计修改和退役时，所有的仪表与控制系统（不仅是安全或与安全相关的系统）都需要测试、评估以及验证和确认。《核电厂设计中的人因工程》提供了关于如何执行验证和确认的高级信息。在整个设计过程中，设计团队和独立团队最好以迭代的方式使用它，而不仅是作为详细设计结束时的最终设计评估。这与设计期间执行的仪表与控制系统技术测试和评估不同。验证和确认需要集成到设计过程中，但不能取代正常的质量保证过程，如核电厂验收测试。

从设计开始到设计完成，通过分级和多阶段的验证和确认方法对该过程进行最佳优化。分级方法意味着不一定执行所有可能的评估，而是执行那些与安全相关性最大的评估。这种方法允许解决早期测试结果，并将其纳入设计过程中，以优化设计过程并防止返工。多阶段方法意味着，随着设计的发展和完善，评估在整个设计生命周期内进行，通常以迭代方式进行。这一多阶段过程可提高整个设计过程中进行的所有测试、评估和验证与确认的效率。通常，验证和确认最终会使用人机交互界面对操纵员绩效或集成系统验证进行总结性评估。

9.1.1 战略计划

在考虑时间框架和与其他工程团队的交互时，验证和确认计划最好与整个工程项目中必要的设计活动相结合。人因工程验证和确认的规划需要在项目中尽早开始，以确保在设计过程的早期就采用多阶段迭代验证和确认方法。在实施任何设计之前，测试和原型设计是确保需求正确的基础。

在需求实现之前进行验证是非常重要的，因为一旦实现，对已安装的仪表与控制系统进行任何修改都是非常昂贵的。这些活动的联合将提高仪表与控制系统项目的成本效益。这是通过集成人因工程验证和确认和仪表与控制系统测试活动来实现的。这使得仪控团队可以利用人因工程用户/可用性测试，而不再需要单独的人因工程测试，并提供满足需求的早期确认。

为了将验证和确认开发成一种迭代的、多阶段的方法，遵循一个根据以下方面考虑开发过程的计划是很好的实践：

——组件复杂度；

——硬件和软件的人机交互界面；

——多系统的人机交互界面相互作用；

——电厂位置；

——项目进度；

——安装时间框架。

在实践中，必要的验证和确认活动在人因工程设计和分析可用后被计划并插入到进度计划中，这与项目里程碑一起，允许规定开始日期、持续时间、可交付成果的输出和修订的进度计划。由于对项目设计影响的影响，在项目进度计划的技术活动中嵌入时间来解决缺陷和差异是至关重要的。

解决人因工程缺陷或差异期间，需要提供接受或拒绝人因工程设计建议的理由。当需要进行设计迭代或修订时，进度计划的裕度允许设计团队有时间修改仪表与控制系统组件或系统。缺陷和差异管理的时间必须嵌入到项目计划阶段的其他技术验证和确认活动中，以便从迭代的验证和确认和设计过程中获得好处，而不会对进度和成本产生重大的负面影响。

验证和确认计划和调度还需要考虑到不是所有的测试活动都在详细设计结束时结束。在调试和安装阶段之前，有些验证和确认活动可能无法进行。进度计划必须包括完成剩余未完成的验证和确认活动的条款，这些活动在安装在现场之前无法进行评估。

9.1.2 验证和确认计划

验证和确认计划在项目计划方面，人因工程验证和确认要考虑以下几点：

——目标；

——范围；

——策略；

——验证和确认活动（具有各自的输入和输出）；

——验证和确认团队培训（即验证和确认团队必须独立于设计开发人员，这意味着仪表与控制系统设计师不属于验证评估团队，但可以在验证期间提供技术支持）；

——操作人员测试参与者及其组成（即测试参与者必须独立于为设计提供意见的主题专家）；

——进度计划；

——项目可交付成果；

——技术任务执行；

——与其他工程活动的关系，如仪表与控制系统活动。

人因工程验证和确认考虑的主要技术活动包括：

——在计划阶段确定人因工程标准和指南；

——审核人机交互界面设计阶段或前期的设计要求、图纸和手册；

——任务支持验证；

——人因工程设计验证（即 HF 指南符合性和人体测量评估）；

——人因工程系统验证（例如基于性能的初步可用性测试评估，迭代和集成验证）。

人因工程验证和确认范围涵盖所有人机交互界面，不限于安全或与安全相关的系统。电厂人机交互界面（不仅是主控室）的非安全相关平衡也在验证和确认活动范围内。

传统上，验证和确认出现在设计过程的最后。这似乎是一种将人因工程评估所需的成本和时间降至最低的有效方法。然而，将验证和确认限制到最后可能会产生巨大的成本和进度影响。如果在验证和确认期间发现了重大的差异、缺陷、人因失误或可用性问题，这可能需要重新设计和其他返工活动，这可能会导致进度延迟。因此，为了最小化这种延迟的可能性，采用多级迭代方法是有利的。这允许在整个设计过程中进行一系列人因工程评估，并确定问题，同时有足够的时间来纠正它们。从早期的可用性测试、适用性测试和概念测试期间的用户评审开始，接着是迭代设计和评估过程，最后是最终的验证和确认。

这种迭代的早期可用性测试的一个实际例子已被用于反应堆库的停运维护和退役，其中低级别模拟（如模型中的纸板箱和纸界面）可以测试仪器和仪表与控制系统组件的易用性和定位。这有助于在具有挑战性的环境下安装之前测试仪表与控制系统的适用性，以及它对人员安全的影响。虚拟样机也可以用来安全地进行早期验证测试。

设计阶段早期的评估允许尽早将元素和组件纳入设计。这种形成性的评估确定了设计的可用性和适宜性，并在最后将工作量降到最低。最终目标是尽早提供结果，同时允许设计演进中的可跟踪性。

多阶段、迭代的验证和确认可能不适用于小的修改，而可能在大型现代化修改和新构建中更有用。如果设计生命周期允许有足够的时间进行评估，并允许合并设计更改，则最好对其进行优化。在实现时，它可以更早地向设计团队提供验证和确认结果，其优点是允许在不中断计划的情况下执行和实现设计更改。它还避免了在整个系统设计过程中复制或传播人因工程缺陷或人机交互界面的差异。在验证和确认计划过程中，开始与设计开发进度计划保持一致，这需要与其他设计团队持续互动，同时促进人因工程标准在整个设计过程中的一致应用。这使得设计团队能够及时地处理缺陷，对其进行优先排序、编制文档、解决或处理，以使其可接受。

9.2 人机交互界面验证

验证是将设计与外部标准进行比较。验证过程用于证明仪表与控制系统组件或系统已按预期设计，主要包括《核电厂设计中的人因工程》中概述的两项主要活动：

——任务支持验证；

——人机交互界面设计验证。

在理想情况下，验证的其他方面考虑确认所有设计建议要么已在设计中实施，要么已被人因工程和项目团队接受。已完成设计的验证将在第 9. 4. 1 节中进一步讨论。

9.2.1 任务支持验证

任务支持验证的主要目的是为工厂运行和维护人员检查仪表与控制系统组件和系统的可用性。任务支持验证从与系统用户的仪表与控制系统需求相关的功能和任务分析中获取信息，并将其与设计的系统所提供的信息（即信息）和所提供的信息（即控制）进行比较。

在执行任务支持验证时，考虑到工厂运行和用于后续分析而识别发现的缺陷或差异的人因工程要求需将功能和任务分析（如第四章中讨论的）与人机交互界面进行符合性比较。任务支持验证着重于以下元素：

——新系统的新组件；

——现有系统中的新组件；

——用于改造和现代化升级的组件和系统的临时配置；

——导致增加新的运行要求的系统。

任务支持验证的结果需要根据任务分析和功能分析文件，通过系统和正确的工厂运行人机交互界面设计提供确认。任务支持验证可能需要任务分析报告中未包含的补充信息，如管道和仪表图、逻辑图和来自仪表与控制系统和工艺工程师的系统工程规范。

在实用程序中发现的典型任务支持验证差异和缺陷包括：

——人机交互界面信息库不一致：任务分析报告、功能分析报告和人机交互界面报告中的告警、指示和控制清单可能不一致。

——未完成的任务分析和/或功能分析清单：该分析以及部件清单可能没有确定验证和确认团队认为足以满足电厂运行的最低库存。

——人机交互界面组件属性：组件属性或特性可能无法满足与给定任务相关联的充分性能要求。

——在人机交互界面中存在的组件，但在任务或功能分析中没有得到验证：有时发生这种情况是由于工作时间较晚的要求（如操作经验偏好、参考工厂输入或特定程序执行要求）。

——类似问题没有一致的结果：这可能是由于验证者的偏好导致的。

对于某些工程项目，可能无法进行任务分析，但仍然需要进行可用性验证。在这些情况下，任务支持验证最好通过将新人机交互界面与操作程序（现有的或新的）进行比较，或与操作和维护人员一起审查人机交互界面来进行。仪表与控制系统工程师需要了解开展该活动时使用的仪表与控制系统输入。作为该验证的输出，发现的差异可能会提请仪表与控制系统工程师考虑，并可能需要更改仪控和相关人机交互界面。

9.2.2 人机交互界面设计验证

人机交互界面设计验证是一项评估，以验证人机交互界面的设计符合人因工程指南（见 NUREG0711 Rev. 3），以适应人类的能力和局限性。（需要注意的是，人机交互界面设计验证并不能保证对其所要执行的任务是可操作的，只能保证它符合人因工程的指导方针。）

人因工程合规性必须在现有设计或现有电厂设备内的新人机交互界面部件或新布局的设计修改中得到证明。用于更换的新部件的特性需要确认，以避免未检测到的新特性可能导致不一致或不符合人因工程指南。

用于设计验证的典型工业人因工程指南包含在以下参考文献中：

——NUREG-0700（Rev. 2）；

——EPRI 3002004310；

——ISO 9241 series；

——ISO 11064 series；

——MIL-HDBK-759C；

——MIL-STD-1472G；

——IEC 60964；

——样式指南。

需要注意的是，这些人因工程指导方针只涉及人因工程设计的各个方面，而不是仪表与控制系统的指南。

适用于任何设计的人因工程准则均视国家和电厂情况而定，具体如下：

——通常的做法是，所采用的人因工程指南是设计开发的电厂和国家的指南，在某些情况下，可能要得到设计方相应的监管机构的认可。

——一个国家没有人因工程指南并不妨碍验证设计，但必须定义或确定等效指南。

——对于现有电厂的改造，这些电厂可能有样式指南或设计指南约定，可能是特定于他们的电厂类型或特定的用途。这可能是由于现有的电厂惯例或设计惯例，其中操作和维护用户习惯了惯例。如果在电厂提倡新的人机交互界面规范，改变其他标准可能会引入重大的人因失误风险。

现有或遗留指南的可用性不排除遵守更新的人因工程要求的需要。选择保持过时的人机交互界面设计惯例和人因工程指导方针，还是采用当前的最佳实践，需要仔细权衡。小规模的仪表与控制系统更新可能不需要在人机交互界面的其他方面进行重大改革。较大的仪表与控制系统更新通常会寻求应用当前的人因工程指导。在可能的情况下，重要的人机交互界面变化（例如模拟控制面板的数字化部分）需要保留在被修改的系统内（例如汽轮机数字控制系统只会在该系统引入分布式控制系统人机交互界面，而不是在所有板上）。接口一致性是最重要的原则。在特定的系统中保持接口的一致性可以最大限度地减少操作人员混淆的机会。如果一个新的被推荐的设计与电厂惯例相反，建议在未来的设计中把这个设计特征添加到电厂人机交互界面设计指南中。

典型的人机交互界面设计验证差异和不足包括以下方面：

——不符合人因工程准则的人机交互界面；

——由于不同的设计标准而导致的人机交互界面差异（例如遵循相同的人机交互界面设计指南，但执行方式不同）；

——主要基于未考虑人因工程指南的设计规范的人机交互界面差异；

——在试图解决之前的分歧后，不一致的人机交互界面仍然存在；

——过时的差异（当发布，计划或非计划一个新的设计版本时）；

——人机交互界面设计验证中的差异可能需要更改仪表与控制系统和相关的人机交互界面。

9.2.3 与验证相关的适用性考虑

任务支持验证始终适用于新项目，但在设计修改的情况下，验证可能取决于其范围和复杂性：

——当设计修改只涉及更换具有相同功能的设备时，任务支持验证是不适用或不需要的。

——当操作员任务在计划设计修改中保持不变，对操作员没有新的要求时，任务支持验证可能不适用。

——当现代化更新涉及将人机交互界面从模拟转换为数字时，对人机交互界面次要活动（如操作员物理移动到访问信息）的评估可能与任务支持验证无关。

拟审议的准则类型见附件3。

9.2.4 与验证相关的分级方法考虑事项

工程项目负责人可能希望追求一种可操作的分级验证方法。这是因为工程项目中涉及的接口的复杂性高，数量大。分级方法考虑哪种类型的评估适合项目设计特定阶段的需要。对于现代化改造，在早期设计阶段进行验证活动，然后在设计结束时进行验证就足够了。

新项目涉及大量必须验证的人机交互界面，以增加无错误设计的可信度。然而，在某些情况下，这可能是不切实际或难以实现的，因此验证工作需要集中于选择代表设计内容的人机交互界面样本。样本可以集中在以下人机交互界面上：

——安全相关；

——使用频率更高；

——涵盖所有不同的技术和人机交互界面类型。

9.2.5 仪表与控制系统的验证输出

由于可能会对设计和进度产生影响，因此尽早交流通过验证发现的任何设计建议和差异非常重要。与人因工程分析的输出一样，需要跟踪问题和建议，以便解决或处置。在进入项目的施工、调试和实施阶段之前，项目团队需要跟踪详细设计结束时尚未解决的任何差异或建议。

9.3 人机交互界面验证

验证能够确认设计满足系统和电厂的性能目标。通过人机交互界面设计的基于性能的评估进行验证。一般通过“回路中的操作员”研究观察系统性能。根据获得的电厂参数和执行人员任务，以及沟通和协调活动结果、态势感知、工作量（认知和物理）及人体测量和生理因素的结果来衡量绩效。因此，验证是确定所设计的人机交互界面是否达到整体系统目标的过程。它不仅在主控室的设计评估中执行，而且适用于整个工厂的其他控制中心和仪表与控制系统组件和系统。本质上，它确认设备符合适用性和要求，并可供整个工厂的最终用户使用。

人机交互界面设计团队可以利用整合仪表与控制系统功能测试的结果。这使得团队可以在仪表与控制系统开发和原型开发的早期阶段进行人机交互界面验证测试，在这个阶段可以执行早期的可用性测试。这允许团队避免重复或质疑已经测试过的问题。测试和评估建立在彼此的基础上，并不孤立于最终的验证过程。通过对以前的测试进行评分，最终验证可以利用测试的效率和长度。

为了进行验证，通常提前制定计划或程序，描述各阶段、应遵循的方法以及监管机构或电厂业主可能要求的验收标准。至少，必须在人机交互界面上执行集成系统验证，包括终端用户与系统交互的评估。设计早期的附加验证将有助于形成和改进最终人机交互界面的设计。

9.3.1 验证准备

验证需要从实施计划开始，实施计划描述如下，如《核电厂设计中的人因工程》所述：

——评价范围；

——考虑到不同阶段的进度计划（如适用）；

——测试环境（或多阶段流程的多个潜在环境）；

——所需人员，包括验证团队和机组人员（或其他参与者）；

——培训需求；

——场景和工具；

——必要的数据收集和分析方法（包括有效性措施）；

——评估和接受标准（包括满足需求）。

本书第十三章包括与人因工程验证执行有关的方法学方面的内容。

9.3.2 多级验证

在大型和复杂的项目中，例如新建项目，可以规划一个人机交互界面多级验证过程，以便在实现的人机交互界面设计可用时开始验证。这种多阶段方法的主要优点是，它在设计阶段的早期就提供结果，此时很容易进行更改。在电厂现代化改造的分步方法中，验证计划需要与仪表与控制系统组件的迁移和实现策略保持一致，其中每个临时配置都需要通过子系统验证或集成系统验证进行验证。随着设计的发展，验证工作的严格程度可能会增加。早期阶段的验证可能涉及实物模型，中间阶段的验证可能使用原型，而后期的验证应该在可行的情况下使用实际的系统。

9.3.3 改进的分级验证方法

验证总是适用于新项目，但对于设计修改，适用性可能取决于以下几点：

——监管要求；

——设计修改类型；

——被修改系统的重要性；

——电厂操作的修改方式（尤其适用于操作人员的任务被大幅度修改的情况，例如在现代化改造中）；

——设计修改涉及的系统安全等级（例如，与非安全系统相关的未经验证的修改可能会改变任务、影响其他人机交互界面、降低操作员性能）。

分级验证方法允许验证工作的水平或适用性与变更的复杂性相称，而无需在不必要的情况下执行大量人因工程工作。修改的三级验证示例如下所述：

——在有限验证中，参与者将获得设计变更的信息。拟议变更的性质将决定以最适当的方式呈现该信息。验证团队描述变更对用户组必须执行的任务的影响。参与者被要求回顾图纸、图片、程序和其他可用的静态工作辅助工具，并就建议的设计/界面进行讨论。

——标准验证在复杂性上比有限验证更进一步，需要更多的准备工作和更详细的通过/不通过标准。参加者将获得有关设计变更的信息和/或培训。参与者进行动态演练或讨论所提议的设计，以支持一个或多个场景中所需的行动。这可能涉及一个模拟界面或控制区域，如果功能模拟器不可用，验证或其他项目团队成员将为其提供关于系统响应的信息。通常情况下，参与者将通过描述他们的执行或过程（草案或未草案）或预期任务步骤来模拟任务。验证团队随后对该模拟进行评估。

——全面验证通常使用某种级别的模拟或实体模型，通常有客观的通过标准（例如完成任务的时间、成功率、异常情况的检测），以及在较少涉及的验证水平中使用的主观标准。在实际参与试验之前，参与者通常需要接受一些培训或详细介绍与验证练习相关的内容。

在概念测试或早期原型设计期间，分级验证方法可采用多级方式，采用较低等级的方法或预验证要求，并在设计结束时进行全面验证。

9.3.4 仪表与控制系统的人机交互界面验证输出

这些基于性能的评估的结果是，人机交互界面与有代表性的用户进行了测试，任何差异都被跟踪，设计建议可能被记录下来，以改进设计。定量调查结果（如完成任务的时间或操作者的情况意识）可能与定性调查结果（如操作者对偏好或设计改进建议的反馈）混合在一起。示例发现可能包括以下内容：

——仪表与控制系统逻辑工作不正常；

——显示不容易突出异常状态的颜色；

——仪表与控制系统逻辑中缺少满足安全运行目标的信号；

——数字显示器上不易找到的关键信息；

——硬接线组件设计不符合用户期望或导致操作员错误。

在最终确定设计之前，需要解决和处理作为差异发布的验证结果。

9.4 安装和调试期间的实施验证和确认

在详细设计和验证结束时，仪表与控制系统部件和人机交互界面的评估尚未完成。在人因工程项目中的前期活动完成后，一般有相应的程序和流程来管理施工、实施、安装、调试和“可服务”活动的声明。从广义上讲，这些都可以称为项目的“实施”阶段。当大型仪控现代化改造项目中的仪控部件在整个系统完工前运行时，这还包括验证临时配置状态。这方面的一个例子是通过多次中断引入数字替代模拟控制器，其中新的仪控控制器在每次后续大修后使用，直到现代化改造完成。

9.4.1 竣工验证和确认

作为实施阶段的一部分，设计团队需要考虑安装后现场设备状态的竣工验证和确认。由于图纸和现场安装配置之间可能会出现意想不到的差异，因此竣工的验证和确认非常重要。在现场安装过程中，设备可能会发生变化，这可能会影响 HF 的考虑，但并未在分析配置中。这包括下列潜在环境因素和其他问题的例子：

——通风设备；

——噪声；

——照明；

——空间约束；

——周围设备的限制；

——如果现场位置与设计不同时的可达性；

——调整仪控部件的位置或方向；

——设备布局配置变更；

——不同人机交互界面组件的使用。

从这个角度来看，人因工程团队需要来自任何其他工程团队（比如仪控团队）的输入，以便识别与原设计不同的已实施的变更。人因工程团队将确定安装的仪表与控制系统是否会由于与预期设计的差异而对用户产生重大影响。

设计团队可能还需要解决来自之前验证和确认过程的开放活动。它可能包括在实施之前无法完成的步骤，因为在电厂验证期间无法模拟电厂所在地的条件。

竣工评估期间确定为可接受的变更必须反映在电厂图纸和材料（如培训材料、程序、图纸、模拟器等）中，以维持配置控制。

任何新发现的人因工程问题可能需要进一步验证和确认，并制定适当的解决方案。

9.4.2 验收标准

原则上，竣工的验证和确认需要满足以下条件：

——在人机交互界面设计实施之前发现的所有人因工程相关问题已经得到充分解决；

——任何新的人因工程相关问题都已被识别并记录在案；

——已经提出了一个适当的解决方案；

——任何剩余的不符合项均已评估并被视为可接受。

竣工验证和确认期间发现的人机交互界面差异或不可预见问题需要在将仪控部件或系统交付使用之前解决。

9.5 人因监测与迭代设计

人因绩效监测需要在设计调试完成后开始，以确保实施和调试的人机交互界面保持与验证和确认时相同的条件。

根据人因工程指南，需要进行人因监测，以确保电厂集成系统验证后发生的任何变化不会导致重大退化，并确认集成系统验证得出的结论仍然有效。人因绩效的监测需要保持积极和持续的过程，以评估设计的持续有效性，从而正确支持人员安全有效地执行其工作任务。人因监测期间发现的问题可作为改进设计的重要输入。

第 10 章

关于选择人机交互界面设计主题的补充指南

10.1 制定用户群设计范围和人机交互界面样式指南

10.1.1 制定用户群设计范围

仪表与控制系统和部件的设计需要使它们能够在预期条件下由目标用户群体进行操作、维修、检查和测试。系统的目标用户或最终用户将囊括各种不同的身体特征，包括大小、形状、触碰范围、体态和力量。例如，手臂长度以及因此而产生的有效触碰范围，可能会有很大差异。用户群体的有效触碰范围可以帮助确定如何设计工作站，以便设备使用无障碍，显示器读数方便。

与身体特性同样重要的是设备运行的条件，因为这可以决定操纵员或维修人员应穿的个人防护设备。个人防护设备会增加终端用户的身体尺寸、限制他们的移动能力、缩小有效触碰区域以及降低触觉反馈能力。

如果在设计仪表与控制系统时没有考虑身体维度和操作条件，那么能够有效使用设备的人数就会减少；在最坏的情况下，设备可能仅仅因为终端用户自身无法与之交互而导致交付后无法使用。

因此，仪控需求必须把终端用户的身体条件和设备的使用条件考虑在内，来确保设计高效可用。人因专家可以通过提供终端用户人体测量方面的信息和他们的工作条件来提供特别帮助。此外，人因专家必须帮助仪控专家评估和确定关系到这些限制因素的设计方案。

人体测量学评估的起点和终点是回答三个基本问题。

(1) 用户群是哪些人?

(2) 这个设计应该覆盖什么样的人群?

(3) 哪些设计约束会影响设计的可用性?

仪表与控制系统的终端用户群必须先于设计规范明确。用户群设计范围描述了该系统特定的最终用户的身体和认知属性，包括、但不限于以下内容：

——人体各方面的身体维度（如臂长、坐高、坐膝高、肩宽等）；

——规定如何安置身体有缺陷的人，制定适当的人体测量尺寸（比如轮椅宽度）；

——涉及功能性人体维度，比如触碰范围和力量；

——从所进行的员工调查分析中获得的信息（例如，角色和责任、培训预期；见第 4 章）。

终端用户的身体特征可能因国而异；有些国家的人口直立身高差异较大，有些国家的人有效触碰范围较小。在准备为多个国家设计核电厂时这一点尤其重要，而这在如今的工业生产中是很常见的。为特定用户群体设计的系统可能对一个国家来说很合适，但如果拿到另一个国家可能就不那么适用了。

在制定设计规范之前确定用户群体的设计范围是非常有用的，因为这将有助于仪控团队了解终端用户的身体和认知限制。然而，有时仪控团队很难理解这些信息并将其转化为设计规范。人因专家可以在这点上帮助，因为这是他们专长。

用户群体的定义对于人因工程的需求开发过程也是至关重要的，并且也可以作为工具来开发合适的与人因工程相关的集成系统验证方案。

10.1.2 人机交互界面样式指南开发

有多个信息源可用于制定人机交互界面样式指南，而在确定指南内容之前，明确适用范围是很重要的。指南的内容将由项目需求、系统设计需求和终端用户需求来确定。为了支持开发构成人机交互界面样式指南基准的系统指南和用户界面，可以使用以下信息来源（或相同来源）：

——操作概念：提供有关仪表与控制系统目的、预期用途和操作生命周期的信息，有助于明确与人机交互界面样式指南相关的领域。

——人机交互界面安全功能性要求：提供有关系统承担的安全关键功能的信息。它们可以帮助确定系统的哪些人机交互界面元素将具有安全重要功能。

——仪控要求：提供了关于仪表与控制系统和人机交互界面要求的信息。

——任务分析：提供了关于人机交互的信息，这可以帮助确定用户需求、操作条件和对交互界面的要求。

为了帮助制定人机交互界面样式指南中的人因工程要求和技术细节，可以使用以下信息来源（或其他来源）：

——国际原子能机构《核电厂仪表和控制系统设计》，它提供了关于仪表与控制系统的具体技术和安全方面相关的信息。

——国际原子能机构《核电厂设计中的人因工程》，它提供了关于核电厂人因工程方面的信息，可以帮助确定人机交互界面样式指南的相关领域，以及提供了如何实现某些人因工程相关任务（如任务分析）的信息。

——NUREG-0700（Rev. 2），它为很多核技术正在发展的地方提供了一整套人因指南，在美国的设计中用到的尤其多。

——提供有关特定人因工程技术领域（例如，人机交互、报警、主控室设计、电子化流程）详细信息的国际标准和指南。

——现有核电厂的设计和运行文件中的人因工程要求和惯例。也可到核电厂进行实地走访来收集有关人机交互界面设计要求和惯例的信息。

10.1.3 人机交互界面样式指南内容

人机交互界面样式指南可以根据工程项目或核电厂的要求进行定制。例如，一个核电新建项目需要一套全面的人因工程需求，覆盖从主控室到局部区域人机交互界面设计的所有方面。它将规定从主控室中的报警到主控室及局部区域的各个常规信号器面板上的定位标签的颜色编码方法。

相反，如果一个现有的核电厂希望对主控室进行现代化改造，可能有必要制定一份人机交互界面样式指南，其中包括具体的技术领域，如软件结构、工作站人体测量和显示设备。指南的范围和适用性必须在开发的早期阶段明确界定。

人机交互界面样式指南可涵盖各种人因工程技术领域，包括但不限于以下内容：

——使用环境：即对指南的范围和适用性的定义。这是为了说明谁将使用该指南（如内部设计人员、供应商、人因专家）以及用于什么目的。它还可以包括关于如何确定需求间的相对重要性的描述、验证和确认活动范例以及任何使用限制（如适用期限）。

——人机交互：例如，软件架构、显示、软件/硬件集成、软硬控制系统。

——环境考虑：光和强光照射、热环境、噪声和振动。

——人体测量方面的考虑：用户群体的体型定义、视线、可达区域、最大和最小空间考虑因素以及工作范围。

——报警：合理化和优先化，抑制和搁置，洪水和滋扰报警，报警显示，音频和视觉考虑，报警编码，报警严重性，报警可靠性和维修以及报警计算机化响应程序。

——信息编码与显示：软硬件编码；颜色、大小、形状和空间编码；字母、字母数字和数字编码；图形显示；字体和文字；标签；基于计算机和纸张的程序格式。

——自动化：操纵员在自动化系统、系统响应和反馈、监控、故障检测、超控和紧急停止方面的作用。

人机交互界面指南需要由人因专家和仪控专家合作编写，因为该文件对他们都有很多影响。例如，数字人机交互界面中的图形动画由仪控平台执行，因此如果人因专家注意到某些信息必须要以不同频率闪烁，仪控平台就必须遵守这一要求。仪控专家必须能够满足人因专家的需求。同样，一些仪控需求也会深深影响人机交互界面中的人因方面。例如，为了确保成本合理，仪控平台可以限制主控室中可以使用的屏幕数量。因此，人因专家将不得不应对这一限制。由于样式指南可能会影响仪控平台的开发，而且如果没有关于仪控平台和仪控详细设计的信息可能无法深入细节，因此样式指南必须作为动态文档保存，并定期结合仪控平台进展以及人机交互界面/人因工程设计完善细节。在改造项目中，样式指南已经存在，并且配置了现有的人机交互界面设计平台。因此现有的样式指南是一个很好的基准，可以根据人机交互界面的改变目标来研究出人机交互界面的哪些区域可能受到影响、需要着重考虑。

10.2 人因失误预防原则

为防止人因失误，已确定了七项原则和方法，如本节后面所述。这些原则是基于对标准和规范的分析下，充分考虑实用性后得到的。

10.2.1 人的注意力管理

该原则设立了帮助操纵员及时获取必要信息的工具，并显著减少了定位所需人机交互界面组件所需的时间。这一原则的应用减少了在任务执行的所有阶段中出现遗漏、执行延误和错误选择用户操作的可能性。人的注意力管理是通过采用不同的信息呈现方法来实现的，比如增强原始信号（如闪光、动画等）、显示视觉信号（高亮度或色彩对比度）、使用声音（高色调或音量对比度）和使用特殊的人机交互界面布局。

10.2.2 信息呈现方法

使用不同的、有时是多种多样的信息展示方法可以加强现有的信息来提高操作者的态势感知能力。这可以通过确保关键信息对操作者一目了然来提高他们行动的可靠性。多种多样的信息显示方法的示例可以是使用颜色和闪烁来显示软硬面板上的报警，也可以是使用空间和边界来联系物体（靠近的物体看起来是相关的）或同时使用视觉和听觉的方法来发出报警。

10.2.3 反馈

反馈是操纵员获取系统信息的方法。它可以采用多种形式，可以是视觉（文本、颜色、闪光）、听觉（报警）或触觉（按钮、开关点击）。操纵员也可以向系统提供反馈；保证系统对操纵员所执行操作的确认是准确的、可察觉的和及时的非常重要。反馈需要直观，也就是说它需要符合操纵员的期望（例如，单击鼠标左键会启动显示屏上的软控制）。

10.2.4 防止意外行为

保证系统不受操纵员意外行为的影响非常重要。拥有一个能够容忍人因失误并为操纵员提供意外行为后复原方法的系统大有好处。此类错误一般是由注意力不集中、疏忽大意、时间不足、复合性操作活动、分心、高工作负担等引起的。这些错误在常规核电厂主控室中是有过例子的。例如不小心移动了计算机键盘，导致按下了增加反应堆功率的按钮，或者掉落的头盔启动了控制按钮。物理屏障、特殊的软硬件工具以及组织（程序）方法可用于防止此类意外行为发生。

10.2.5 操作锁定

一些操作行为可能需要某种形式的保护，需要关掉这些保护才能允许操纵员进行操作。这种保护可以是物理锁、钥匙或软控制的形式。操作锁定有助于防止在执行任务时因分心、仓促、鲁莽或疏忽而导致的意外行为。但需要注意的是，锁定要保证需要操纵员快速响应的操作不会太难启动，尽量不要增加操作的响应时间。

10.2.6 人员固有印象

来自不同国家和文化的操作人员对系统的运行方式以及反馈的给出和接收方式会有不同的理解和期待，这通常被称为感知的可察觉性。例如，红色在不同的文化中可能具有不同的含义，因此重要的是要考虑系统交互方式在文化固有印象中是如何被理解的。感知可察觉性的另一个例子是，有的人从上到下、从左到右书写和阅读文字，但有的人从上到下、从右到左。识别这些可察觉性对于帮助减少潜在的人因失误非常重要。

10.2.7 协助操纵员

这一普遍原则旨在防止各类错误。通过使用各种操纵员支持系统，为操纵员提供了多种多样的工具，可在执行任务的各个阶段为其提供帮助。旨在防止在决策、实施和结果监测阶段出现某些特定错误类型的计算机化程序就是一个例子。

10.3 有关仪控工作环境注意事项的补充信息

10.3.1 照明

主控室和相关工作场所的照明设计可能会对人机交互界面的可用性产生积极或消极的影响。例如，偏离标准阈值的光强度水平会极大地影响核电厂员工的表现，导致疲劳、压力和无聊。

在主控室中，操纵员高度依赖视觉信息来与所有核电厂运行模式下的仪表与控制系统进行交互。人因工程指南规定，如果正常照明出现故障，应急照明系统必须自动激活并立即可用来帮助操纵员执行任务。

阴影、强光、亮度、颜色、对比度和位置是影响仪控设备人机交互界面的主要照明因素。此外，照明也会对仪表与控制系统及设备的监视和维修活动产生影响。因此，人因工程指南规定需要定期维修的仪表和控制柜要在外壳中安装永久性照明装置。如果维修人员必须在每次维修、诊断、维修和故障排除活动中使用临时照明装置，就给他们带来了额外的负担。

人因工程和仪控工程师可以参考 NUREG-0700（Rev. 2）、IEC 60964 和 ISO 11064-6 来设计照明系统。这些文件详细分析了在各种条件下应如何安装照明系统。

10.3.2 噪声

术语“噪声”是指不承载与操纵员相关信息的声音。如同光照，噪声水平也会对人的表现产生负面影响。主控室中噪声水平的增加可能会给操纵员带来永久性压力。

如果噪声水平高于一定的水平，操纵员就需要大声说话才能与彼此交流。因此，人因指南建议将主控室的噪声水平限制在人类所能忍受的范围内。在核电厂的人因工程设计过程中，会进行综合噪声评估来确定预计噪声水平，但实际的噪声水平只能在核电厂满负荷运行期间才能测量出来。

为主控室设置的预计噪声级别在初步设计和采购阶段对仪控工程师非常有用。基于此级别，仪控工程师可以选择合适的设备以将噪声降至最低（例如，可以选择低噪声级冷却风扇以避免噪声级过高）。

可以参考一些指南作为主控室和其他相关工作场所中噪声级设计值的参考文件，例如 NUREG-0700（Rev. 2）、IEC 60964 和 ISO 11064-6。

10.3.3 振动

振动是主要的工作场所环境因素之一，可能会影响人的表现以及仪表和控制设备的可用性、操作方式和寿命。在过度振动的环境中，操纵员可能会难以执行预定操作。例如，从振动的显示设备或安装在振动的仪表柜内的仪控设备上读取数据和获取信息很麻烦。人因工程指南中指出，工作站及工作场所应被设计为能接受一定程度的振动水平。

在起始设计阶段，人因工程指南为仪控工程师提供了针对振动水平的综合分析方法。该指南建议采购具有高振动耐受性的设备，或将仪控设备重新安置到振动水平可接受的地方。NUREG-0700（Rev. 2）可用作振动水平设计的参考文件。

10.3.4 热环境

适当的热环境（例如温度、湿度）对核电厂员工和仪表控制系统都很重要。任何超出可接受范围的温度或湿度水平变化都可能对人的表现以及仪表控制设备的寿命产生负面影响。

操纵员所处的热环境会对仪表和控制设备的可用性产生影响。比如，热环境中的极端情况会降低操纵员的认知和身体表现，影响他们与仪控设备交互的能力。

在设计过程的初始阶段，仪控工程师需要对核电厂满负荷运行期间的热条件进行全面细致的观察和分析。基于此分析，设计人员可以在之后采购能适应恶劣热环境条件的仪控设备，或者需要重新安置设备以防热条件达到其阈值。NUREG-0700（Rev. 2）和 ISO 11064-6 等指南文件中提供了全面详细的设计标准。

10.4 人力、自动化及两者职能分配的指南

核电厂的大部分控制操作都是常规、相对简单且结构合理的。此类控制任务可以由计算机轻松管理。此外，目前人工智能技术的发展导致计算机处理缺失数据和解决不规范任务的能力有所提高。这激励着设计师尽可能地提高核电厂的自动化水平。如今，越来越多的控制功能从人工操作转变为自动化操作。

然而，太高的自动化水平会产生新的和意想不到的问题。操纵员长时间处于控制回路之外，导致他们只能观察和监督自动运行。当自动化无法处理复杂情况时就会出现问题。这种情况下，人工必须检测自动化的故障或不当操作，并及时干预控制过程。然而，由于长时间处于控制回路之外，导致控制人员技术缺失和态势感知能力下降，使他们有可能无法应对这种情况。

最合理的解决方案是分配功能，一方面可以减少繁琐费力的工作；另一方面可以保留一些功能来确保操作人员保持操作技能和态势感知能力。

当功能无法分配给自动化或分配不合理时，可以进行人工和自动化的协同工作，让自动化来支持需要手动执行的任务。这些是可以支持人类操纵员执行控制任务的自动动作，包括情景自动识别、人员注意力中断提示（各种报警或通知）、逻辑推理和计算执行、支持认知行为的信息显示、人员行为监督和人因失误检测。人机协同工作表明功能的分配不是简单的二元选择（即手动和自动，见表 10-1）。

表格 10-1　协同工作中的职能和组织分配

控制功能特点	分配方式		人机协同对操纵员的支持方式
	人工	自动化	
工作量（累积工作量、短时工作量、心理压力）	低，中等	非常低，高	吸引人的注意力，避免他们因工作量大或注意力不集中而错过重要信息
准确性（空间手势的准确性、估计的准确性、及时性）	低，中等	高	监督人工行为的准确性和及时性
重复（重复相同的任务，单调重复的风险，注意力不集中）	低，中等	非常低，高	监督人员反应并检测人工错误
速率（短时速率）	中等	高，非常低	吸引人员聚焦最重要的信息和事件
可用时间（情况识别的可用时间、执行响应前的可用时间、执行任务的可用时间）	长，中等	短，非常长	自动识别情况，将人员注意力引向最重要的信息和事件
复杂性（信息量、结构良好的逻辑和/或算法的数量）	简单，中等	复杂	逻辑推理和计算的结果作为操纵员认知活动的参考信息
后果（任务对核电厂安全和效率的影响）	低，中等	高	检测人因失误
控制功能的结构化和算法化	不可能	可能	支持认知活动的参考信息

第 11 章

主控室设计中人机交互界面诱发的认知误差分析和认知工作负担干扰分析

11.1 人机交互界面诱发的认知错误分析

人因失误分析作为用户界面设计，特别是主控室设计的一部分，是有进行必要的，可以识别潜在的认知错误并将这些信息反馈到设计过程中。在发生人机交互的情况下，由于用户界面（例如导航功能）设计不当，认知错误的潜在来源可能会增加。界面可能具有潜在缺陷会导致用户在界面上难以识别或预测认知错误。

如今，现代核电厂广泛引入了数字仪表和控制系统。因此，主要的人机交互界面，尤其是用于正常操作和基础设计的人机交互界面，主要由数字人机交互界面组成。目的是确保操纵员不需要进行大量的诊断工作，而仅仅依靠为操纵员响应的报警和/或指示器就可以找出问题的根源。

因此，人机交互界面设计要符合设计原则就必须能提供清晰、及时、可访问和可理解的信息。如果信息提供不充分，操纵员可能被迫承担更高的认知负担，从而导致不当错误或混乱响应，这些都是典型的人机交互界面诱发的认知错误。

这些认知错误可能由于人机交互界面设计的以下任何方面会发生在人机交互界面中：

——系统和显示屏层次结构；

——导航功能和方法；

——屏幕上显示信息或控制的图形符号；

——符号在屏幕上的布局；

——基于屏幕的控制方法。

一般来说，导致认知错误的潜在缺陷天生就不容易识别或预测，因为它们是由内化的、潜在复杂的和相互作用的感知功能和心理功能引起的。在某种程度上，此类错误的外在表现，例如操作不正确或操作不及时，是可以被观察、预测和量化的。

此外，一般而言，识别典型的人因失误并使用人因失误分析技术可以预测可能会发生认知错误的位置。然而，这并不一定说明这些人因失误是设计错误的结果以及如何改变设计可以解决这些错误。

认知错误本身是不可观察的，即使是犯错误的人也不知道；因此，需要考虑一种不同类型的定性误差分析方法，能把感知和人机交互界面处理信息所产生的内部误差考虑在内。

人机交互界面设计有一种认知错误预测分析方法可被应用于早期设计阶段，能够初步识别人机交互界面设计中认知错误的潜在来源。该方法使用基于对潜在认知错误的理解之上的系统分类方法，提供了一个结构化的分析过程，每个方面都包含特定的内部错误机制：

——感知；

——记忆；

——判断；

——行动。

错误分类法可以应用于已通过典型人因失误识别和分析的表格任务分析。目的是在表格任务分析结构的基础上，用特定认知错误替换潜在的错误机制，并应用一组适当的表现影响因素，如下所示：

——工作负担和注意力分散；

——时间压力；

——复杂性；

——沟通；

——环境；

——工作站和人机交互界面设计；

——团队动态。

认知错误预测分析与表格任务分析的应用通过帮助识别以下内容，提供了更多与人机交互界面设计相关的认知错误理解：

——不同类型的认知错误；

——认知方面受影响的类型；

——发生内部错误机制的类型。

在上述认知错误预测分析之后可以考虑进一步分析，因为获得的结果可以用于进一步的有针对性的分析。

11.2 主控室设计中的认知工作负担和干扰分析

在仪控设计，特别是主控室的人机交互界面设计中，可以适当考虑认知工作负担和干扰分析来减少人因失误。在这种情况下，认知工作负担被认为是主控室操纵员在核电厂运行期间满足所有需求（例如感知、记忆、决定）的任何脑力劳动。干扰被认为是干扰操纵员注意力、影响他们对核电厂和/或系统状态的理解和情境意识的任何事情。即使在主控室设计早期阶段进行的认知工作负担和干扰分析的输出也有助于为潜在设计和组织措施提供改进信息。

11.2.1 认知工作负担预测分析

1. 确定候选场景

需要确定多个候选场景（即一个任务（或一组任务）及其发生的条件）以进行认知工作负担预测分析。这是通过讨论人因工程团队（HFE）关于高认知工作负担状态似然特征后得出的结论。使用此方法可识别以下内容：

——日常操作中的干扰场景可能会给任务执行者带来很高的认知工作负担，或需要主控室（MCR）人员以完全不同的思维方式来适应它。

——可能造成高认知工作负担的启动后事件操作：

- 时间压力；
- 复杂性；
- 并发处理要求；
- 由任务或核电厂条件引起的压力或情绪状态；
- 界面设计和展示引起的感知困难。

2. 进行任务分析

选定的场景包括以下任务：

——在现有的人员可靠性分析（HRA）中被定性为可能给操纵员带来高认知工作负担；

——或故障后被认为可能有相同或更多的高认知工作负担但没有被 HRA 定性。

对于第一种情况，可以使用详细的表格任务分析方法；一些认知工作负担可能早已被洞察。当有必要在适当的工作步骤中包含更多的认知元素，并捕捉对同时进行的其他竞争活动的影响时，这些分析需要进一步深化。

对于第二种情况，对每个任务进行比例任务分析，重点关注具有认知要素的关键步骤。

这是使用危害和可操作性研究类型方法在高层次上完成的，其中包括一个人因专家准备的用来识别认知元素的关键字和提示的清单。

3. 将预测分析方法应用于选定的场景

分析是使用研讨会方法进行的，目的如下：

——对场景进行广泛讨论以确保所有与会人员都彻底了解它们，了解用于定义任务或场景而做的假设，以便分析。这些假设还将用于识别人因专家给出的初步意见，这些意见在接到任务谈话的提醒前已经形成；

——确定场景中哪些步骤可能需要高于一般认知水平；

——讨论或经过需要高度认知水平的工作步骤，并使用既定的方法对它们进行评级；

——进行广泛但结构化的讨论，探索为什么认为一项任务（或任务步骤）需要大量的认知努力，使用提示确保认知工作负担的其他重要方面也被考虑在内；

——确定在模拟的场景中每个任务的认知努力是否可以忍受；

——确定理论上工作负担无法忍受的工作场景中减少认知负担的可行方案。

11.2.2 干扰预测分析

可以根据操作概念（描述了核心和非核心操作任务组织架构）中描述的预期/计划操作练习进行注意力分散分析。非操作任务和分散注意力的主控室例行活动的分配应该由相关专家、人因团队、操作和维修人员共同审查。典型的审查活动如下：

——识别日常操作（包括非核心操作任务）中潜在干扰的来源。

——定义潜在干扰的性质，例如：

- 主控室人员如何受到影响；
- 哪些操作的区域受到影响；
- 如何防止或减轻注意力分散问题。

——评估所有假设或已知的处理干扰的措施。

——确定预期干扰对核电厂正常运行的大致影响。典型的情况：

- 已知干扰所占据所有注意力的比重；
- 已知干扰是否能够轻松并安全地被放在一边；
- 是否能够迅速地保持或恢复形势感知能力。

第 12 章

数字人机交互界面设计的补充考虑

12.1　人机交互界面组件的分类和分组

人机交互界面（HSI）组件的分类和分组有助于在操作者知道自己需要什么信息的情况下搜索所需信息。可以采用几种方式来分组控制和显示。

按照属于某个特定过程系统的控制和显示分组。例如，冷凝水系统的显示和控制可以集中在同一个桌面、面板、视觉显示单元（VDU）或模拟图上，而属于给水系统的组件位于相邻的区域或图表中。

按照信息的类别和重要性对显示进行分组。例如，反映安全相关事件的最重要的报警瓦片位于面板的顶部，这些非关键性的报警位于下面，其次是仪表、记录器和面板底部的相关控制。另外，一般的核电厂概览显示可以位于主控室的一个区域，所有的操作人员都可以同时看到信息，而局部的系统控制屏幕通常只有执行该控制动作的操作人员可以看到。

按照操作者执行的任务对信息进行分组。减少/增加功率是操作者的一项典型的常规任务。与这项任务相关的、执行必要行动所需的显示和控制都集中在同一个 VDU 上（可以认为是“基于任务的显示”）或同一面板上。

12.2　模拟图的运用

模拟图的使用包括将指示和控制映射到流程图上（如流程图）。模拟图通常需要与操作者模仿图的使用包括将指示和控制映射到流程图上（如流程图）。模拟图通常需要与操作者的心理模型相一致，以方便搜索所需信息，并减少感知数据时的混淆概率。由于技术关系的表示（如连接工艺设备的管道和电缆），模拟图支持操作者预见特定事件会如何影响系统。这种方法可以应用于传统的面板/台面和基于 VDU 的界面。

12.3 通用信息的形成和表示

通用信息的形成和表示包括将几项信息组合成一个指数，反映出特定系统、功能域或整个核电厂内的功能状态或过程状态。

图 12-1 说明了将工艺设备的几个项目概括为一个模拟符号的情况。在左边，并联泵被表示为一个单一的符号，表示当前活动的泵的数量。在右边，涡轮机、发电机和它们的油系统用单个符号表示，当系统内发生一些不希望发生的事件时，这些符号可以改变颜色。

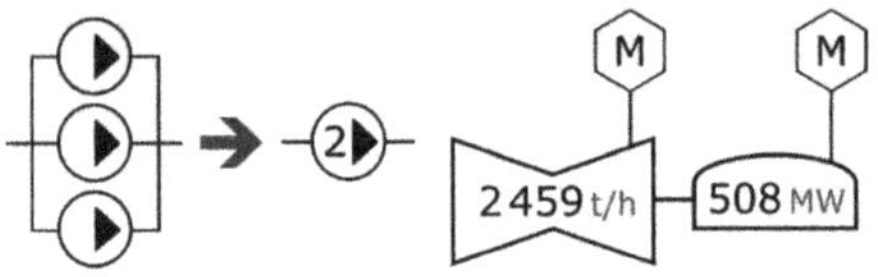

图 12-1　设备状态的广义表示方法

第二种概括方法包括将信息组合成一个索引，以支持操作者对过程功能状态的评价。实施这种方法的一个典型例子是关键安全功能的指示。广义的指数是对一些过程参数和设备状态信息进行数学处理和逻辑处理的结果。这种指示支持操作人员早期发现干扰或充满偏差的条件。图 12-2 展示了一个功能导向显示的例子。冷却剂循环的功能是由三个泵和一个再循环阀完成的。当冷却剂压力为 15～17 兆帕，冷却剂流量为 15～18 吨/秒，两个泵处于工作状态，一个泵处于待机状态时，该功能处于正常状态。如图 12-2 所示，所有的工艺参数都在可接受的范围内；但是，有一台泵处于停用状态，而不是待机状态。这意味着该功能受到了威胁，其状态由黄色标记表示。

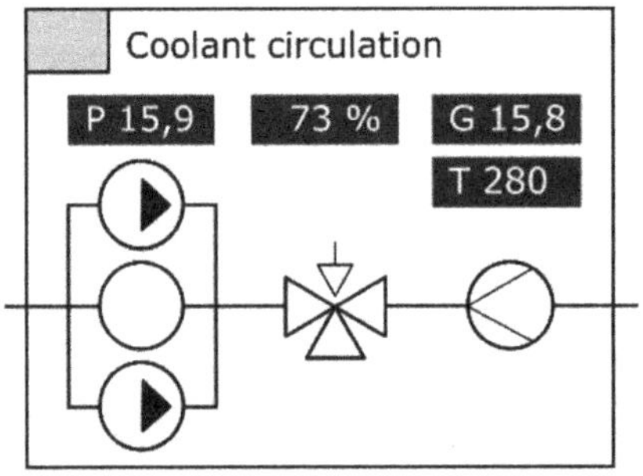

图 12-2　冷却液循环功能的推广

在表示广义信息时，为操作者提供查看用于计算广义指数的算法（如逻辑树、决策表）的可能性是非常重要的。操纵员需要对表示背后的逻辑有透明度。

12.4 综述信息的表示

核电厂概览显示是一种 VDU 格式，其中一般信息被映射到整个核电厂的结构图上，以显示整个核电厂的状态。在概览显示中实现的电厂结构水平可以有很大的不同，从详细的表示到高水平的简化表示。概观显示是前两种方法的结合，即概括信息的表示和模拟图的使用。概观显示执行三个任务。

(1) 它允许操作人员评估整个核电厂的状态，并能一目了然地看到设备的当前配置和最重要的参数。

(2) 它支持负责特定功能领域（如反应堆、涡轮机、辅助系统）的操纵员保持对核电厂其他部分状态的了解。这使他们能够计划他们的控制行动，同时考虑到核电厂的整体状况。

(3) 它提供了一个共同的情况意识和共同的信息空间，以便在几个主控室操作人员之间进行有效的沟通。

概览显示有三类：

(1) 用于表示主要工艺参数和核电厂设备的最新配置的共享概览显示器。

(2) 个人概览显示，用于表示与特定操纵员活动有关的工艺系统或工艺功能的一般状态（或一般报警）。

(3) 个人或共享概览显示器，用于显示核电厂周围的物质和能量平衡。

信息内容可以从核电厂层面的概览到系统层面的概览再到控制功能的概览而有所不同。通常，第一类概览显示看起来像一个通用的模拟图，代表一个动力单元或整个核电厂，并将主要过程参数映射到图上。在设计这种概览显示时，需要解决的主要任务是选择最重要的信息来向操作人员展示。为了支持设计决策，需要考虑以下标准。

——信息是否与过程的安全和效率有关。

——这些信息对于理解核电厂内的物质和能量平衡是否有意义。

这种类型的概览显示通常显示在墙上的大屏幕显示器（视频墙）上，所有主控室的操作人员都可以阅读和感知到。图 12-3 中显示了一个概览显示的例子。

第二种类型的概览显示器是用来表示属于操作人员责任区的工艺系统或工艺功能状态的一般信息。关于工艺系统运行的概括性信息可以不映射到概括性的模拟图上；

这种类型的概览显示可以作为操作人员的菜单，便于导航和选择所需的 VDU 信息，代表发生了不良事件（报警）的系统。通常情况下，这种概览显示是在操纵员工作站的一个屏幕上显示的（见图 12-4）。

第三类概览显示是为了显示核电厂的材料和能量平衡状态。能量平衡可能会受到一些事件的影响，例如，未能清除热量、介质（即水、气体或空气）加热不足、为内部用户发电不足、生产的电力消耗不足等。由于泄漏导致的介质流量减少或对介质数量需求的增加或减少都会影响物质平衡。物质或能量不平衡首先会导致局部干扰（例如，温度上升、压力下降或水平下降），然后导致核电厂模式的全面改变。在这种情况下，重要的是确保操作人员了解可用的能源和/或介质储备。

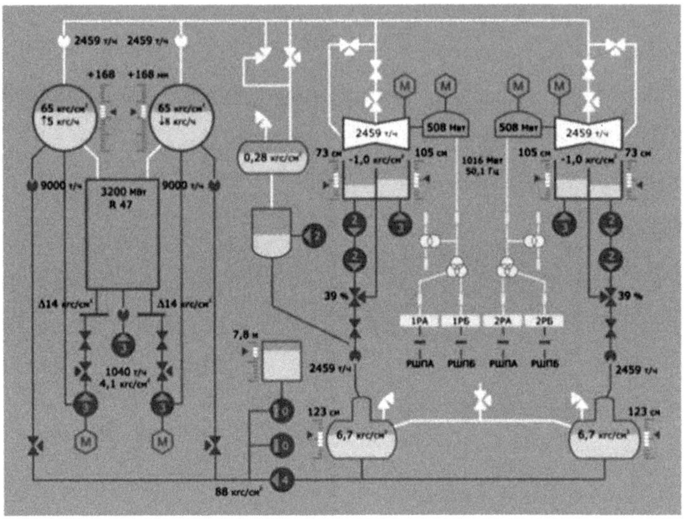

图 12-3　用于表示主要工艺参数和核电厂设备的最新配置的概览显示器

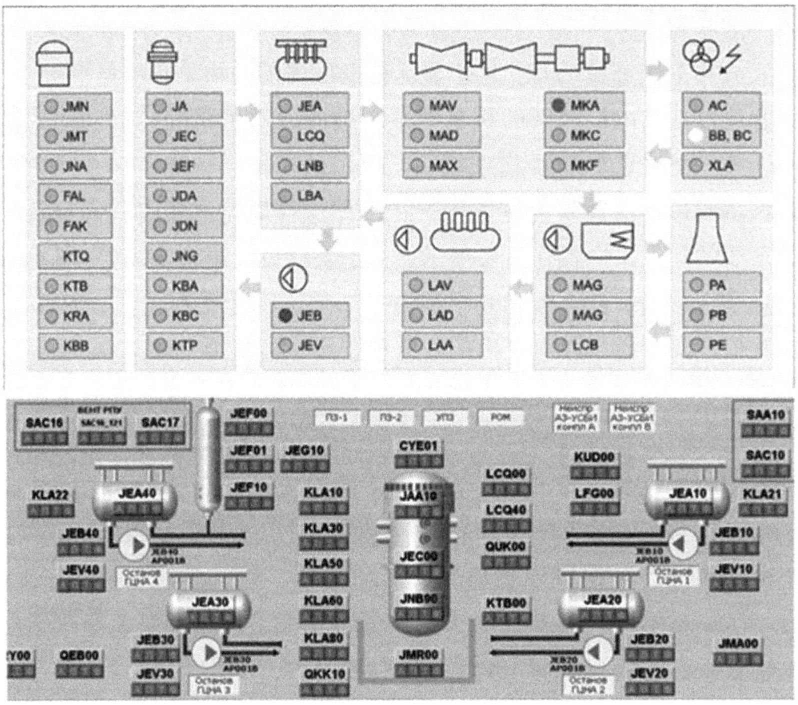

图 12-4　简化的概览显示，用于表示一般的报警和快速调用所需的 VDU 区域

12.5 信息可视化的生态学方法

在评估情况时，操作者必须进行许多认知操作，如算术操作（如加减法）、比较和评估数值之间的差异（包括模拟或离散的数值）、使用“如果-那么”规则做出逻辑结论，等等。从表面上看，这些操作是非常简单的；然而，在压力条件下，它们的执行速度会明显变慢，并伴随着时间的不足。通过将这些操作从逻辑思维层面转移到感知层面（科学出版物可能会将这种方法称为“视觉思维”），可以减少认知负荷。

图 12-5 说明了视觉思维现象。图中左边是两个显示两种水流量的模拟仪表，右边是两个典型的计算机化界面的数字参数的方框。以下信息可以很容易地从模拟仪表中发现，而不需要任何计算。（1）两个流速之间有差异，（2）上流速比下流速小得多，（3）上流速的值接近报警设定点（需要注意的是，只有当操作人员要执行的任务涉及比较这两个参数时，（1）和（2）中的信息才是必要的）。为了从右图所示的数字框中提取这些信息，操作者必须感知和解释两个数值，在头脑中对它们进行比较，计算出差值，从记忆中回忆出设定点，并将这些数值与这个设定点进行比较。这个例子并不能证明模拟仪表肯定比数字仪表好。然而，与数字指示不同的是，模拟仪表形成了一个视觉图像，这有助于操纵员快速了解情况。基于这种图像的人机交互界面在文献中经常被提及为“生态界面”“认知图形”“高性能界面”“分析界面”等。

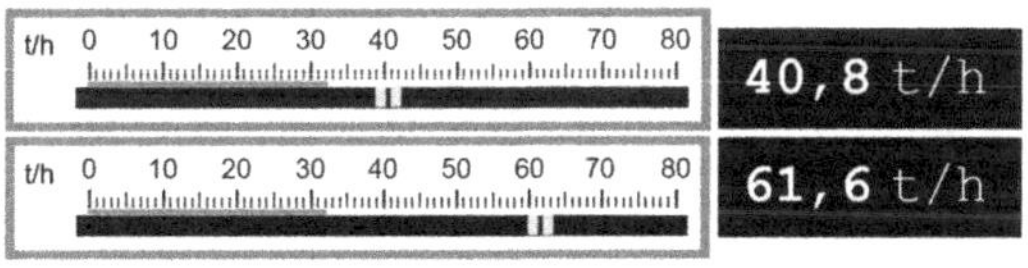

图 12-5 使用模拟仪器和数字盒表示参数

用于将心理操作转移到感知层面的图形模式如图 12-6 所示。显示模拟参数值最常用的方法是带有水平或垂直刻度的条形图，但也可以使用其他方法，如圆形或半圆形刻度、饼图等。

为了直观地显示加法或减法的操作，可以使用由两个或多个条形图相互叠加组成的分段条形图［见图 12-6（a）］。减法操作有一个特殊的特点：如果有一个与显示参数相关的设定点，则不能缩短条形图［见图 12-6（b）］。在这种情况下，减法操作是通过在相应的方向上移动刻度来实现可视化的［见图 12-6（c）］。

为了使参数变化的预测可视化，可以使用一个额外的指针［见图 12-6（d）］。这个指针显示了参数在某个预定的时间内将达到的数值。考虑到瞬态过程的快速性，这个时间需要初步选择和固定。

图 12-6（e）显示了两个参数之间比较操作的可视化（详细和简化视图）。在监测两个或多个参数之间的平衡时，这种可视化方法非常有效。如果这些参数有不同的尺度，可以对它们进行缩放，以便在达到平衡时，条形图具有相同的长度。

可能需要对几个参数进行相互比较，不仅是为了估计平衡，也是为了监测参数是否在允许的范围内。图 12-6（f）显示了这种情况的一个例子。

图 12-6（g）展示了支持跟踪水从一个加热器转移到另一个加热器时连续加热的条形图。这项任务也需要对几个参数进行比较。除了温度值，图表中还包含表示设定点的线条，形成一个可接受值的“走廊”。

两个参数的比率也可以用相图的形式表示。P-T（压力温度）图是这种可视化的一个典型例子［见图 12-6（h）］。水加热图和 P-T 图可以结合起来，如图 12-6（i）所示。当压力变化时，叠加在温度图上的 P-T 图向左或向右移动。

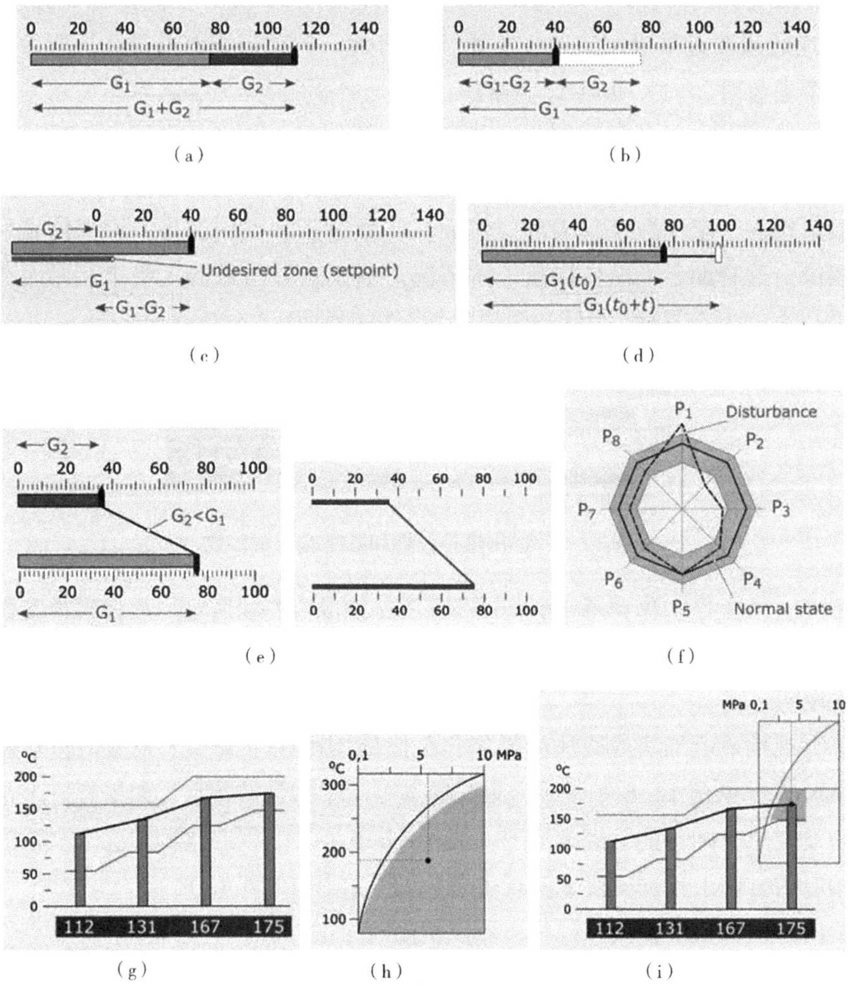

图 12-6　加法（a）、减法（b、c）、预测（d）、比较（e）的可视化，以及几个的匹配

第 13 章

验证和确认的方法以及验收标准

13.1 验证方法

人因工程（HFE）验证旨在检查标准、指南、合同和其他文件中规定的所有相关要求是否得到满足。通常要验证的内容可以通过仪器测量，或者可以简单地使用项目文档、视觉显示单元（VDU）、主控室设备等进行检查。例如，可以使用声级计验证诸如“声音强度限制在 95 分贝以内”的要求。同样，快速浏览一下桌面、控制面板或方案就足以验证“安全和正常操作所需的设备应靠近操纵员的最佳位置”的要求。

专业人员评价可用于验证无法测量或检查的要求。比如有些要求可以用环境舒适、出入方便、能见度好、位置方便等内容进行评估。为了估计这些，可以要求受访者（专家或潜在用户）使用定量或定性量表评估舒适度、便利性、可及性和其他特征，例如：名义量表，被调查者用词语（标签）描述自己的观点，如“好”“差”“近”“舒适”；

序数标度，例如，从 0 到 10 的标度，其中 0 表示绝对不可接受的情况，10 表示非常好的解决方案；

比较评估，即被调查者比较两个或更多的对象，并使用“好”“更好”“更差”等类别进行评估。

此外，还需要一些额外的内容以保证对于要求验证的完整性，如“设计应该与公众（包括专业人士）的固有观念相符合。如果项目文档不包含关于这些固有观念的信息，那么对这一要求进行验证的人必须设法找到这些信息。可以通过对受众开展结构化询问的方式来完成。

例如，为了展示信息编码领域的专业定型观念，将可能使用的颜色、符号、图案和其他解决方案展现给将来的系统用户，而无需对其含义作任何解释。受访者被要求描述他们如何理解这些颜色和符号。将答案与设计者的初衷进行比较后，可以得出设计是否符合用户固有观念的结论。该方法也可用于评估所选评判原则是否直观清晰。

可以使用系统视图对一些需求进行验证，例如为了验证形状、图案或尺寸是否适用于整个特定核电厂的所有控制的要求，将所有收集的信息放入一个电子表格以便于比较是合理的（见表13-1）。重要的是，在分析中不仅要包括人-系统界面（HSI）组件，还要包括设计的元素。

表13-1 用于系统审查标准一致性的表格

代号	人-机界面信息组件	意义
红色	报警倾斜控制开关标志	紧急、高优先级保护激活禁止

13.2 用于设计验证的人因工程人机交互界面

用于设计验证的典型内容包括在NUREG-0700（第二次修订版）中，分为以下几个部分。

第1部分是与设计相关的一般准则，如一致性和反馈性。

第2部分是与信息显示方式相关的准则（软/硬件），包括以下方面：

（1）显示格式，即排列信息的方法，如表格、列表、模拟、图表、数据表格和字段、地图、图表（饼图、条形图）、图形和虚拟仪器面板；

（2）显示元素，指构成显示格式的部分，如字母数字字符、边框、线条、箭头、缩写、首字母缩略词、颜色、标签、编码（按大小、形状、图案）、图标、符号、数字数据、刻度、轴和网格；

（3）高亮显示（亮度和闪烁）；

（4）听觉提示；

（5）数据质量和更新率；

（6）显示页面；

（7）显示设备。

第3部分是与用户-系统交互相关的标准，以了解用户管理和向系统输入信息以及接收和控制信息的不同方式（以计算机为中心）。这取决于人机交互界面的类型，涉及以下领域：

（1）一般用户输入指南；

（2）用户输入格式（命令语言、菜单、功能键）；

（3）光标（类型、外观、控件、数字）；

（4）系统响应（提示、反馈、响应时间）；

（5）管理显示（显示选择、导航、窗口管理、显示控制、信息更新/冻结、滚动、分页)；

(6) 管理信息（编辑、保存、导出）；

(7) 用户协助（确认消息、输入确认、数据保护）；

(8) 界面灵活性；

(9) 系统安全（信息访问和识别）。

第 4 部分是与控制相关的标准，评估操纵员启动的所有控制，包括以下项目：

(1) 使用计算机系统的控制，如键盘、触摸屏、光标；

(2) 常规控制，如按钮、旋转控制、指轮或开关（滑动、拨动、摇杆)；

(3) 软控制（虚拟化所有传统模式)。

关于常规控制，一些国家对所需结构尺寸有标准，这些尺寸通常足够大，可以在不利条件下使用（甚至考虑使用手套)。(然而，运行经验也证明了在镶嵌面板设计中迷你控制的安全使用不符合现有人因工程要求的最小尺寸。)

第 5 部分是与特定人机系统相关的指南，例如：

(1) 报警系统，考虑传统（空间专用连续可视）和高级系统、定义、编码、用户-系统交互、维修、布局和集成；

(2) 计算机化程序系统；

(3) 安全功能和参数监控系统；

(4) 组图显示系统；

(5) 自动化和计算机操纵员支持系统（理解这些是一种辅助，而不是设备运行所必需的)；

(6) 通信系统（基于语音和基于计算机)。

第 6 部分是与工作站和工作场所设计相关的准则，例如：

(1) 将工作站视为操纵员执行任务的场所，包括坐下或站起来的面板、垂直面板、桌子和其他（即椅子、控制显示集成、布局)；

(2) 将工作场所视为工作站所在的地方（例如主控室（MCR)、远程关闭站、现场控制站)。

第 7 部分是其他考虑因素，包括使用仪表和控制（I&C）系统的环境，这可能对仪表与控制系统的功能和该设备的人机交互界面产生积极或消极的影响。重要的是要确保环境因素和仪表与控制系统得到优化，以支持人机系统界面。至少需要解决以下问题：

(1) 照明；

(2) 噪声；

(3) 振动；

(4) 热环境。

第 8 部分是与可维修性相关的项目，包括以下内容：

（1）数字系统的仪表与控制系统设备特征；
（2）模拟系统的仪表与控制系统设备特征；
（3）安装仪表与控制系统的区域/设施特征（以实现可维修性）；
（4）操作手册；
（5）研讨会。

第9部分是与退化的人机系统和仪表和控制条件相关的指南，包括以下项目：
（1）监控仪表与控制系统状况的高速信息系统；
（2）人机交互界面对仪表与控制系统变化的响应；
（3）信息来源和有效性；
（4）人机交互界面和仪表与控制系统故障的备份。

13.3 验证期间人机工程指南清单的使用

理想情况下，期望的人机工程设计验证结果足以证实大部分说明和方法说明的要求得到了满足。以下是此类验证的可能出现的典型结果：

（1）符合准则；
（2）未达到符合准则的程度但指南合理；
（3）指南不适用；
（4）由于缺陷导致的差异状态；
（5）处于待定状态的说明（通常是中期结果）；
（6）建议包含每个指南状态的基本原理，以便对指南状态进行可追溯性、后续审查和论证。

典型的人机工程设计验证的差异和缺陷包括以下内容：

（1）在不同的显示器或面板中，人机交互界面中的差异在某种程度上不符合所有人机工程准则（例如，人机交互界面布局不充分/不一致、人机交互界面组件放置不充分/不一致或人机交互界面组件属性不充分）；

（2）由于不同的设计标准（遵循相同的人机交互界面风格指南）导致的人机交互界面差异；

（3）当主要基于未考虑人机工程准则的设计规范时，人机交互界面中的差异；

（4）试图解决之前的差异后，人机工程中的差异；

（5）过时的差异（当发布新的设计版本时，无论是计划的还是未计划的）；

（6）对于硬件面板，如果组件的正面设计和布局没有考虑到可维修性问题，如电气系统或防火分区，可维修性可能会受到影响；

（7）验证的最终目标是记录并提供证据，证明设计符合与人机工程指南和标准验证相关的要求和可用性原则。

13.4 验证方法

验证在整个人机工程设计的实施过程中是最为有效的。在实践中，这是时常发生的，在这个过程中，设计团队能够在整个设计过程中进行后续验证活动之前，解决早期可用性测试和早期验证过程中发现的问题。项目中有不同类型的验证和不同的验证时长。一般认为，对于有迭代设计过程的项目，可能需要进行多次验证。

人机工程验证主要体现在验证满足设计要求和人机工程建议的整个过程中早期可用性测试和验证，因此在优先级和分级方法上不会出现重复工作。

现代化和新构建的人机工程系统验证规划可以考虑以下内容：

小型仪控项目在人机过程结束时的一个单阶段方法（即，由于使用了执行相同或相似功能的新数字控制器，升级了特定的模拟或数字控制器模型），通常称为集成系统验证（ISV）。

多阶段方法，在最终独立集成系统验证（也可以分阶段）之前的整个设计过程中考虑部分或初步验证阶段。阶段可以考虑不同类型的高速接口（操作显示器、报警系统、程序系统），以及它们的一部分何时变得可用（批次、批次），包括通过几次中断进行修改的临时配置。

集成系统验证是基于性能的综合高速集成设计评估。根据设备参数、人员任务、机组沟通和协调、情况意识、工作量（认知和物理上）以及人体测量和生理因素来衡量性能。为模拟器开发的主控室的整个人机交互界面都在集成系统验证活动的范围内，包括主控室、面板和组件。

集成系统验证还用于评估那些无法通过分析手段评估的设计方面的可接受性，即任务支持验证或设计验证。任务支持验证或设计验证产生的缺陷在初步验证期间得到解决。在独立集成系统验证活动期间，全范围模拟器可以用作测试平台。在执行独立集成系统验证之前，需要预先定义运行工况，包括设备条件、人员任务和挑战人员行为的环境因素等采样维度。独立集成系统验证的数据和分析结果需要与独立集成系统验证产生的所有差异一起记录在独立集成系统验证报告中。在设备投入运行之前，它们需要关闭。

多阶段验证方法有以下优点：

（1）它在设计阶段的早期就提供了结果，这时很容易做出改变。

（2）它提供用户甚至最终用户的反馈，以便他们提前熟悉设计，从而能够进行任何必要的调整。

（3）它为每个人机交互界面组件提供了详细的结果，以便更好地调整设计中的人机交互界面。

(4) 它避免了集成系统验证的重大发现，带来了重要的经济和时间安排后果。

(5) 它最大限度地降低了增加集成系统验证的可能性。

部分或初步验证阶段通常在最终独立集成系统验证之前没有全面的模拟可用；因此，只有有限的方法是可行的，例如走一遍流程/讲一遍方法或部分/有限的动态能力，提供初始和有用的结果。尽管如此，从早期的界面验证到早期的原型可用性测试，通过在早期解决或评估设计需求，最终的集成系统验证可以降低工作量，从而提高效率。

13.4.1 方法、标准和措施

多阶段和独立集成系统验证迭代验证需要考虑规划、测试方法、培训、性能测量、测试标准以及数据收集和分析等方面。本节描述了执行国际原子能机构安全标准系列第 SSG-51 号《核电厂设计中的人因工程》中描述的方法的最佳实践。

开发设计概念的模型或原型可能是有用的。模型和原型的范围可以从低保真度（例如设计屏幕的纸质打印输出）到高保真度（例如与模拟器接口的功能软件）。提供设计产品的示例可以为最终用户（如运营商）提供早期设计验证的机会。这些例子还可以验证设计是否符合适用的人因标准。早期验证和确认可以帮助巩固设计，并防止在实施之前需要返工。

需要对验证团队进行培训，以便团队成员能够预测每个工况中操纵员的操作，并更好地判断他们的操作是否合适。参与者/机组人员的培训是必要的，这样高速信息的使用与他们的常规操作平行，不会导致有偏差的表现。适合性分析可以针对每种用户类型完成，并输入或确认验证方法和计划。

待测试的验证问题或标准包括以下示例：

(1) 设备人员执行的一般主要任务（基于人员行为模型的监控、情况评估、响应计划和响应执行活动）；

(2) 次要任务（访问信息的移动或导航动作）；

(3) 工作量（针对特定活动或整个工况，考虑认知和实际工作量）；

(4) 情境意识（针对全球情景）；

(5) 团队合作；

(6) 交流。

待测试的验证问题或标准的衡量标准的例子包括：

(1) 执行动作的时间；

(2) 精度；

(3) 准确性；

(4) 行动的频率；

（5）实现的成果；

（6）错误数量；

（7）交流信息（通信）；

（8）设备参数值（沿着工况或在某些时刻）；

（9）特定问题的事件等级。

这些性能测量将能够证实（从定性和定量上）在工况中扮演的角色背景下机组人员的性能。在独立集成系统验证期间，可以通过直接观察、访谈和各种记录方式来衡量行为。设计中防止单点故障（如意外启动）的容错要求成为性能测量中验证测试的一个重要方面。

定量测量不一定比定性测量更有效。根据有助于回答与系统和高速接口是否可供操纵员使用相关的设计问题的措施进行选择。分级方法的一个标志是只使用最有效的措施；不同的证据可以用于系统的验证。验证可能发生在设计过程的多个阶段，每个阶段都提供了评估设计的机会。结构（设计阶段）和总结性（最终验收测试）评估可以为整体安全案例提供证据。验证的结果被记录下来，并作为实施前最终设计验收的基础。

业绩计量的数据收集可以通过以下方法进行：

日志中的直接观察或注释：这是由验证团队成员完成的，日志包括性能度量或注释，通过它们可以计算性能度量（后者是产生性能度量的最常见方式）。要记录的信息包括对以下问题的答复：

（1）谁执行了任何操作，哪些操作？

（2）行动是在什么时候进行的？

（3）使用了什么信息？

（4）使用了哪些程序？

（5）交换了什么信息？

（6）使用了人机交互界面的哪个部分？

使用该日志，可以通过多种方式导出或生成性能度量（动作的频率、活动所用的时间等）。

回顾：在工况执行后，回顾的目的是让工作人员归纳工况中发生的事情，并提出在工况中观察到的具体问题。

视频记录：它们是获取观察结果和计算性能指标的另一种方式或备份（可能很耗时）。

模拟器记录：它们基于工况中的电厂参数，可以提供电厂操控中操纵员行为有效性的概念。

观察者的评级：可以基于观察者团队成员的直接观察或参与者的评级。

13.4.2 工况

验证活动考虑用户的操作对系统安全及正常运行的影响。可以在实际系统的现实版本上开发和运行现实和具有代表性的使用工况。

独立集成系统验证的测试设计必须考虑工况的类型以提供足够的证据证明人机交互界面设计和操纵员培训的完备性，以保证在与设计相关的所有条件下的安全运行。可以是短工况或长工况，或者考虑每个工况中不同的设备操作。通常，风险最大的工况是那些在新设计中测试较多的工况，因为它们考虑了对电厂安全和机组人员来说最具挑战性的情况。风险重大或关键的操控行为作为候选情景，可在操控可靠性分析中确定（如果可用）。此外，验证仪控组件和系统的工况需要与设备相关。

计划验证时需要考虑的相关设备情况包括：

（1）正常运行，如启动、关闭、燃料负荷和负荷变化；

（2）单个或几个仪控部件、人机工程系统或分布式控制系统（部分或整个系统）的故障；

（3）瞬态，如汽轮机跳闸、外部功率损失、电厂停电、给水损失、基本服务水损失、电气母线功率损失、安全和安全阀瞬态；

（4）事故，包括蒸汽管线破裂、正反应性增加、全负荷运行期间控制棒插入、预期瞬态无紧急停堆、蒸汽发生器管道破裂和冷却剂损失事故。

上面列出的情况可能包括风险较大的操控，如手动降压或进料和放料活动，以及与仪控设备故障相关的特殊情况。这些方案需要针对每个具体的设备验证进行定制，因为它们取决于所考虑设备的技术。

独立集成系统验证的测试设计还需要考虑在工况中工作人员的数量，以及每个工作人员在具体工况的顺序，需要考虑以下方面：

参与独立集成系统验证的工作人员数量必须具有代表性或具有统计学意义；

为了避免由于已经预期的工况而导致的有偏差的结果，每个机组都需要修改工况排序，以便他们不会提前知道他们将面临的工况。

13.4.3 数据分析

数据分析包括以下内容：

（1）单独分析每种情况；

（2）比较每个不同人员在的相同工况的不同分工；

（3）比较不同工况的结果；

（4）根据工况类别分析结果，因为几个工况可以是同一类别的实例，因此需要在班级级别分析结果。

分析的深度需要与设计的风险和验证水平相一致，特别是要确认人因工程和用户的设计要求得到满足。不足之处分为轻微、中等或重大，并有解决这些问题的必要手段：

（1）需要重新设计的主要缺陷；

（2）需要审查程序和测试以决定重新设计的中度缺陷；

（3）需要处理的小缺陷。

至少需要采取措施来处理缺陷。需要证明没有改变，必要时（由适当的团队）对改变的描述也是如此。需要额外的验证来检查某些差异是如何解决的，这取决于基于后果和风险的差异是否重要。

人员的表现可以用多种方式来评估，包括定性和定量。定性措施的例子包括但不限于以下项目：

（1）成功从故障中恢复，使用人机交互界面完成工况；

（2）设计建议，如从操纵员反馈中获得的建议；

（3）固定区域。

验证报告需要考虑以下方面：

（1）测试和评估条件的描述；

（2）每个人机交互界面组件、每个工况和每个验证项目/目标的结果概述；

（3）满足独立集成系统验证的验收标准；

（4）集成系统验证一般结果和建议；

（5）独立集成系统验证的结论；

（6）集成系统验证报告附录，支持结论和一般结果（包括工况日志、其他工况记录等）。

13.5 验证和确认验收标准

验收标准可以理解为证明经过验证和确认的设计符合其预期功能的指标。对仪表与控制系统来说，基于设计和性能要求，验收标准的制定可以足够客观。在仪表与控制系统测试（如设备测试或功能测试）之后，获得的性能测量可以证明满足仪表与控制系统验收标准。因此，验收标准符合性的评估可以很简单，将数值测量与阈值（基于定义的要求）或现有功能（相对于计划的功能）在特定设备条件下进行比较。

对人因工程来说，这些验收标准的制定可能并不那么简单。就核查而言，这些接受标准更容易满足，因为遵守（或不遵守）人因工程准则很简单。在验证的情况下，验收标准更难制定，因为人的表现多变性，而且不同的表现不一定意味着一个在满足电厂安全和充分实现电厂运行目标方面比另一个差。

在这些人因工程验证中，确实存在与仪表与控制系统的联系，因为在将要实施的适用验证工况中使用了仪表与控制系统。为人因工程验证制定验收标准的经验表明了基于人员能力的方法，考虑了以下类别和子类别：

人员行为模型可以包括：

（1）监测/检测活动；

（2）情况评估活动；

（3）应对规划活动；

（4）响应执行。

以行为为中心的问题（场景的全局），例如：

（1）情境意识；

（2）工作量；

（3）团队合作和沟通。

用这种方法制定的验收标准可以足够通用，适用于所有待测试的设备条件，或者更具体地说，是面向工况的。人因工程验证方案的开发基于电厂的运行经验，方案需要包括电厂性能的描述以及对运营商的期望。

验收标准类别满足情况的分析可以基于规定工况与操纵员在实际工况中所做工作的一致性，并记录在工况日志中，包括性能测量。人因失误是一个重要的行为衡量标准，完成单个任务或整个工况所需的时间也是如此，此外还有本附件前面几节中描述的其他衡量标准。这些措施可以作为评分和评估验收标准的基础。

尽管评估验收标准的结果可以用多种方式显示，但要考虑的基本结果是这些标准（包括安全和操作目标）是否得到满足。仪表与控制系统工程师需要考虑人因工程验证和验收标准的结果，因为结果会影响他们的设计。

本章节参考文献

[1] 美国核管理委员会. 人机交互界面设计审查指南：NUREG-0700（修订版2）[R]. 核监管研究办公室，2002.

[2] 国际原子能机构. 核电厂设计中的人因工程 [S]. 国际原子能机构安全标准系列号 SSG-51，2019.

第14章

总　结

本书出版的目的是在仪表与控制系统设计时，为设计团队（包括仪控和人因工程领域）提供切实可行的策略和方法来提高人机交互能力。本指南与工程项目中的仪控寿期和人因工程规划一样，都采用了结构化、系统化、跨学科的组织框架。该框架的关键要素总结如下：

（1）制定了一个终极愿景，强调了仪控设计如何将核电厂运行、维修和管理战略及早地运用到工程设计过程中。

（2）规划了与工程项目有关的活动，重点是人因工程项目以及仪表与控制系统和人因工程之间关于输入和输出接口的设置。

（3）通过全面整理相关规范和标准、探讨相关科技平台并充分考虑人因工程初步分析结果，推导出了人机交互界面基准设计需求。

（4）通过分析人机交互界面设计过程中生成的一个重要输入，形成了人因工程的需求和建议。

（5）使用系统化方法设计了人机交互界面，该方法在规定单个人机交互界面特性之前统一了人机交互界面设计的整体需求。

（6）在安装、调试和运行之前，尽可能使用分级和多级方法对人机交互界面设计及系统整合进行验证和确认。

本书认为工程进程在执行时并不总是线性和顺序的，有时可能是迭代的或并行的。本书为设计过程中何时何地可能出现这种迭代和更新提供了指导，但这些指导可能需要根据组织的具体需求进行调整。然而，这些指导的方向性是明确的：

（1）人机交互设计是一个综合的过程，包括了多个学科在多个设计阶段的互补活动。一个基于团队的工作方法对于仪表与控制系统设计的成功是最重要的。本书重点聚焦于人因工程和仪控界面，但人机交互界面设计也如通篇所述涉及了其他一些学科。

（2）含有仪控以及由仪控产生人机交互界面的工程项目规模各不相同。在认识到这一现实的情况下，本书考虑了新建与改造（包括现代化）之间在所述活动中的应用差异。

（3）随着仪控技术性能和灵活性的提高，以及核设施中新兴智能产品的引进，在主控室以外的场景中使用这些设备上的人机交互界面必须被纳入考虑范围。

仪控技术的数字化发展，使得加强操作和维修所需的功能有了更强的集成和交互。工程设计，尤其是仪表与控制系统的设计，必须利用这个机会来产生一个集成化的人机交互界面设计来支持操作和维修，并在总体上提高核设施内的安全和生产人员表现。

附　录

I　术语/缩略语表

以下定义是针对本出版物的特定解释。

特定术语/缩略语	英文释义	中文释义
Architecture 仪控体系结构	Organizational structure of the instrumentation and control（I&C）systems	仪器仪表和控制系统（I&C）的组织结构
computer based procedures 基于计算机的程序	Presentation of plant procedures in computer based rather than paper based formats to help personnel achieve the aims of the procedures	以基于计算机的格式来呈现核电厂的程序，比基于纸质的可以更好帮助员工达到程序所期望的目标
computer security 计算机安全	Capability of a digital system to protect information and data so that unauthorized persons or systems cannot read or modify relevant data or perform or inhibit control actions, and authorized persons or systems are not denied access	通过数字系统保护信息和数据，防止未经授权的人或系统读取或修改数据、执行或禁止操作行为，确保有授权的人或系统不会被拒绝访问
concept of operations in end point vision. 终端视野中的操作概念	A concept of operations describes the proposed design in terms of how it will be operated to perform its functions, which includes the various roles of personnel and how they will be organized, managed and supported. The concept of operations describes how the plant is operated（'operating philosophy'）and includes aspects such as the size and composition of the operating staff and how they operate the plant under normal and abnormal conditions.（The document may also be referred to as 'a concept of operations and maintenance' to include a description of maintenance aspects of the system as well.）	这里操作的概念是指，如何操作以执行其设计时的功能，包括：不同人员的各种作用和如何组织、管理并支持这些人员。本概念描述了核电厂是如何运行的（"运行哲学"），包括操纵人员的规模和组成，以及在正常和异常工况下如何操纵核电厂的。（该文件也可被称为"操作和维修的概念"，以包络对系统维修方面的描述。）

续表

特定术语/缩略语	英文释义	中文释义
end point vision 终端视野	A concept for the final human-system interface (HSI) after I&C system modification has been completed. A target or vision that can be used to guide the design of modifications over time so that they work toward the desired final product	在仪表与控制系统修改完成后的最终人机交互界面（HSI）的概念。一个可以随着时间推移来指导设计修改的目标或愿景，以便工作可以向着期望的最终产品方向开展
human-system interface 人机交互界面	The interface between personnel and instrumentation and control systems and computer systems linked with the plant. In the context of this publication, the HSI is considered an integrated part ofthe I&C system	在人员、仪表、控制系统和计算机系统之间与核电厂连接的交互界面。在本文的内容中，HSI 是指 I&C 系统中的一个整体的部分
I&C architecture 仪控架构	The organization of the complete set ofI&C systems	仪表与控制系统的组织架构
I&C engineer 仪控工程师	Any person involved in the life cycle of an I&C system or the overall I&C	任何在仪表与控制系统或整个仪表与控制系统寿期内与其有关的人员
I&C system 仪表与控制系统	Refers to any I&C system introduced into the design of the plant	指核电厂设计时引入的任何相关的仪表与控制系统
maintainability 可维修/维修性	The design of equipment to support effective, efficient maintenance activities	设备在设计时，考虑到需支持设备在使用过程中的有效、高效的维修活动
mobile device 移动设备	HSI device used by mobile workers (e. g. field operators) while they are in the field	在现场工作的现场操纵员（移动工作人员）使用的 HSI 设备
modernization 现代化	A project or programme that involves either implementation of new I&C systems or a significant technological upgrade of an existing I&C system	在计划或项目中，涉及的新仪表与控制系统的推进实施或现有仪表与控制系统重要技术升级
Modification 改造	A project that involves change to an existing I&C system. This change can include modernization, but it often refers to replacement of old equipment and is limited in technological advancement	对现有仪表与控制系统的升级项目。升级包括现代化，但更多的是指对旧设备的替换，并且在技术方面的进步有限的情况
smart device 智能设备	Device (e. g. sensor, actuator control, power supply, visual display unit) that has one or more digital parts providing advanced functions and services	拥有一个或多个数字化的部件，可提供先进的功能或服务的设备（例如：传感器，感应控制器，电源，视觉显示单元）
style guide 设计指南	A document that contains guidelines that have been tailored so they describe the implementation of human factors engineering guidance to a specific design, such as for a specific plant control room	一份指导方针已经过调整的指导性文件，描述了人因工程在设计时对特定的内容的具体指导作用，例如核对电厂的某个控制间的设计

Ⅱ 缩写

CBP	基于计算机的程序
FRA	功能需求分析
HF	人因
HFE	人因工程
HRA	人员可靠性分析
HSI	人机交互界面
I&C	仪表和控制
ISV	集成系统验证
MCR	主控室
OER	操作经验回顾
V&V	验证和确认
VDU	视觉显示单元